essentials

Essentials liefern aktuelles Wissen in konzentrierter Form. Die Essenz dessen, worauf es als „State-of-the-Art" in der gegenwärtigen Fachdiskussion oder in der Praxis ankommt. Essentials informieren schnell, unkompliziert und verständlich.

- als Einführung in ein aktuelles Thema aus Ihrem Fachgebiet
- als Einstieg in ein für Sie noch unbekanntes Themenfeld
- als Einblick, um zum Thema mitreden zu können.

Die Bücher in elektronischer und gedruckter Form bringen das Expertenwissen von Springer-Fachautoren kompakt zur Darstellung. Sie sind besonders für die Nutzung als eBook auf Tablet-PCs, eBook-Readern und Smartphones geeignet.

Essentials: Wissensbausteine aus Wirtschaft und Gesellschaft, Medizin, Psychologie und Gesundheitsberufen, Technik und Naturwissenschaften. Von renommierten Autoren der Verlagsmarken Springer Gabler, Springer VS, Springer Medizin, Springer Spektrum, Springer Vieweg und Springer Psychologie.

Ekbert Hering

Finanzierung für
Ingenieure

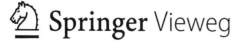

Ekbert Hering
Hochschule für angewandte
Wissenschaften Aalen
Aalen
Deutschland

ISSN 2197-6708   ISSN 2197-6716 (electronic)
essentials
ISBN 978-3-658-08156-0   ISBN 978-3-658-08157-7 (eBook)
DOI 10.1007/978-3-658-08157-7

Die Deutsche Nationalbibliothek verzeichnet diese Publikation in der Deutschen Nationalbiblio-
grafie; detaillierte bibliografische Daten sind im Internet über http://dnb.d-nb.de abrufbar.

Springer Vieweg

Springer Fachmedien Wiesbaden ist Teil der Fachverlagsgruppe Springer Science+Business Media
(www.springer.com)

Vorwort

Dieses Werk basiert auf dem „Handbuch Betriebswirtschaft für Ingenieure" von Ekbert Hering und Walter Draeger, 3. Auflage 2000. Dieses Werk hat sich einen hervorragenden Platz als Lehrbuch für Studierende, insbesondere der Ingenieurwissenschaften, und als Standard-Nachschlagewerk für Ingenieure in der Praxis geschaffen. Die Vorteile sind die *große Praxisnähe* (das Werk wurde von Praktikern für Praktiker geschrieben), die Präsentation der *ganzen Breite des Managementwissens,* die vielen Beispiele, welche die sofortige Umsetzung in den betrieblichen Alltag ermöglichen sowie die umfangreichen Grafiken und Tabellen, welche die Zusammenhänge veranschaulichen. Das Kapitel über Finanzierung wurde aktualisiert und dahingehend erweitert, dass ausführliche Rechenbeispiele eingefügt wurden, mit denen die Zusammenhänge klar werden. Zusätzliche Grafiken zeigen anschaulich und verständlich die Methoden und Anwendungen der Finanzierung.

Was Sie in diesem Essential finden können

- Aufgaben der Finanzierung
- Arten der Finanzierung
- Möglichkeiten der Außen- und Innenfinanzierung
- Aufbau und Aussagen einer Finanzanalyse
- Aufstellung von Finanzierungsplänen

Inhaltsverzeichnis

Einleitung 1

Dieser Abschnitt befasst sich nach Abb. 1.1 mit der *betrieblichen Finanzwirtschaft*, stellt die wichtigsten *Instrumente und Methoden* vor und zeigt die *Anwendung* anhand praktischer Beispiele. Nach der Einführung in die betriebliche Finanzwirtschaft werden ihre Aufgaben vorgestellt. Im Anschluss daran folgen die wesentlichen *Arten der Finanzierung* sowie die wichtigsten *Finanzierungsinstrumente* und *Finanzierungsformen*. Die nachfolgenden Abschnitte befassen sich mit der *Finanzanalyse* und *Finanzplanung*.

1.1 Finanzierungsbegriff

Der Begriff Finanzierung umfasst alle *Maßnahmen der Mittelbeschaffung* im Finanzbereich einer Unternehmung. Die *Finanzierung im engeren Sinn* betrachtet lediglich die Beschaffung von Kapitalmitteln. Hingegen bedeutet die Finanzierung *im weiteren Sinne* die Kapitaldisposition jeglicher Art für die Beschaffung von Geldmitteln zur Verwendung als Eigen- oder Fremdkapital sowie für die Beschaffung von Sachkapital, das in Anlagegüter der Unternehmung eingebracht wird (s. Springer Essential: „Investitions- und Wirtschaftlichkeitsrechnung für Ingenieure"), ferner die Disposition und Verwaltung von Finanzmitteln, insbesondere die Liquiditätssicherung sowie die Bereiche Kapitalstrukturierung, Kapitalfreisetzung und Kapitalabfluss.

© Springer Fachmedien Wiesbaden 2015
E. Hering, *Finanzierung für Ingenieure*, essentials,
DOI 10.1007/978-3-658-08157-7_1

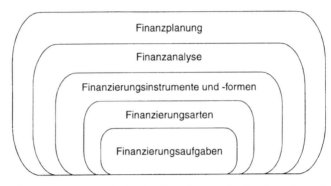

Abb. 1.1 Übersicht über die Aufgaben der Finanzierung. (Quelle: eigene Darstellung)

1.2 Finanzierung im Unternehmen

Für den Zweck der Leistungserstellung benötigen Unternehmen Kapital für Gebäude, Grundstücke, Anlagen, Maschinen, Fahrzeuge und Geschäftseinrichtungen Diese müssen in gewissen Zeitabständen an die Marktgegebenheiten angepasst werden (z. B. durch entsprechende Erweiterungs- oder Modernisierungsinvestitionen (s. Springer Essential: „Investitions- und Wirtschaftlichkeitsrechnung für Ingenieure"). Aus Arbeitsleistungen in der Wertschöpfungskette für die Herstellung fallen für die Mitarbeiter der Unternehmung Löhne und Gehälter an; ferner wird Kapital für die Verwaltung und das Management des Unternehmens benötigt (s. Springer Essential: „Kostenrechnung und Kostenmanagement für Ingenieure"). Aus bezogenen Rohstoffen, Halbfabrikaten und Fertigprodukten entstehen Verbindlichkeiten gegenüber den Lieferanten. Zudem leistet das Unternehmen Steuerzahlungen, Abgaben und Gebühren an die Allgemeinheit, empfängt aber für bestimmte Tätigkeiten Finanzhilfen in Form von Zuschüssen oder Subventionen.

1.3 Beziehung zu Finanzmärkten

Betrachtet man die Kapitalströme in der Unternehmung (Abb. 1.2), so erkennt man einen *inneren geschlossenen Kreislauf,* bestehend aus Ausgaben durch Kapitalverwendung und zurückfließenden, in der Regel höheren Einnahmen. Die Einnahmen aus Umsatzerlösen von Produkten und Dienstleistungen fließen zu einem Teil dem inneren Kreislauf zu und stehen somit der erneuten Kapitalverwendung zur Verfügung. Auch aus dem Verkauf von investierten Anlagen und Maschinen erlöst

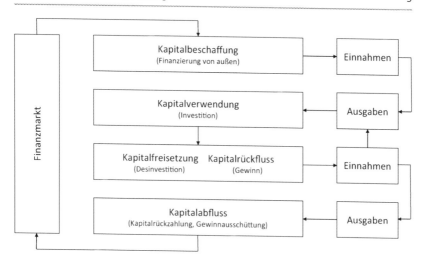

Abb. 1.2 Kapitalströme zwischen Finanzmarkt und Unternehmung. (Quelle: eigene Darstellung)

das Unternehmen Einnahmen. Der andere Teil der Einnahmen wird in Form von Kapitalrückzahlungen und Gewinnen dem Finanzmarkt zurückgeführt und steht von neuem als Finanzierungskapital den Investoren zur Verfügung. Der *äußere Finanzkreislauf* ist geschlossen.

In finanzwirtschaftlicher Hinsicht stehen die Unternehmen in enger Beziehung zu den Finanzmärkten und können bei positiven Bedingungen am Finanzmarkt eine Investitionsentscheidung im Unternehmen auslösen. Investitionsverhalten und Finanzmarktbedingungen stimulieren sich gegenseitig. Dabei kann der innere durch den äußeren Finanzkreislauf angeregt oder auch gedämpft werden. Aber auch der innere Kreislauf kann den äußeren Kreislauf beleben oder abschwächen (Abb. 1.2).

1.4 Investition und Finanzierung

Für die Existenzfähigkeit eines Unternehmens ist Kapital eine wichtige Voraussetzung. Das Kapital wird im Anlagevermögen und in Teilen des Umlaufvermögens gebunden. Eine wesentliche Aufgabe der Finanzierung stellt die Beschaffung der Finanzmittel dar, die in Investitionen ihre Verwendung finden (s. Springer Essential: „Investitions- und Wirtschaftlichkeitsrechnung für Ingenieure"). Dabei sind sowohl die Finanzierung und Investition sowie die Kapital- und Vermögensstrukturierung, als auch Liquidität eng miteinander verbunden und voneinander abhängig. Diese Zusammenhänge zeigt eine Bilanz (s. Springer Essential: „Bilanz, Gewinn- und Verlustrechnung für Ingenieure"). Die Beschaffung von Geldmitteln steht als Eigen- und Fremdkapital (*Mittelherkunft*) auf der Passivseite der Bilanz, die Beschaffung von Sachkapital als Anlage- und Umlaufvermögen (*Mittelver-wendung*) hingegen auf der Aktivseite der Bilanz.

Aufgaben

2

In Abb. 2.1 sind die Aufgaben der Finanzierung im Unternehmen in einer Übersicht zusammengestellt.

2.1 Liquidität und finanzielles Gleichgewicht

Die Veränderungen auf finanzwirtschaftlicher Seite werden in *Bewegungsrechnungen* als Einnahmen und Ausgaben erfasst.

Die Liquidität des Unternehmens ist gewährleistet, wenn zur Erfüllung der Verbindlichkeiten die entsprechenden Mittel zum richtigen Zeitpunkt in ausreichender Höhe vorhanden sind. Das Unternehmen muss *ständig* seinen *finanziellen Zahlungsverpflichtungen nachkommen* können und seine Zahlungsfähigkeit sichern. Dabei fließen dem Unternehmen aus dem Verkauf seiner Produkte Geldmittel zu. Diesen Einnahmen stehen aber *zeitlich versetzt* die Ausgaben für die hergestellten und verkauften Produkte gegenüber. Die wesentliche Aufgabe der Finanzierung liegt darin, die aus dem Prozess der Leistungserstellung und Leistungsverwertung entstandenen *Differenz an Finanzmittel* zu *überbrücken*. Dazu müssen die Geldströme aus Einzahlungen und Auszahlungen so gestaltet und gesteuert werden, dass die Zahlungsfähigkeit aufrecht erhalten wird. Im anderen Fall droht die *Insolvenz*. Die betriebliche Finanzwirtschaft hat daher mindestens die Aufgabe, die Liquidität des Unternehmens zu sichern.

Zwischen den zur Verfügung stehenden Zahlungsmitteln und den zu leistenden Verbindlichkeiten muss ein *ausgewogenes finanzielles* Gleichgewicht geschaffen werden. Ein vorübergehender Kapitalmangel, beispielsweise durch einen verspä-

© Springer Fachmedien Wiesbaden 2015
E. Hering, *Finanzierung für Ingenieure,* essentials,
DOI 10.1007/978-3-658-08157-7_2

Abb. 2.1 Übersicht über Finanzierungsaufgaben im Unternehmen. (Quelle: eigene Darstellung)

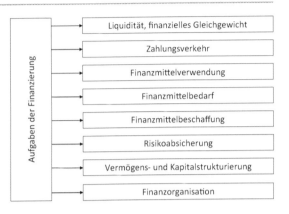

Aufgaben der Finanzierung	→	Liquidität, finanzielles Gleichgewicht
	→	Zahlungsverkehr
	→	Finanzmittelverwendung
	→	Finanzmittelbedarf
	→	Finanzmittelbeschaffung
	→	Risikoabsicherung
	→	Vermögens- und Kapitalstrukturierung
	→	Finanzorganisation

teten Zahlungseingang von Forderungen, kann beispielsweise durch einen Bankkredit überbrückt werden. Überschüssige Mittel sollten kurzfristig, möglichst risikoarm aber trotzdem ertragreich angelegt werden.

2.2 Finanzmittelbedarf, Finanzmittelbeschaffung und Finanzmittelverwendung

• *Finanzmittelbedarf*

Vor jeder Investitionsentscheidung wird der Kapitalbedarf einer Investition unter Berücksichtigung der Höhe der gebundenen Mittel und der für sie benötigten Zeitdauer ermittelt. Dabei unterteilt sich der Finanzmittelbedarf in den *Nettofinanzmittelbedarf*, der zu einem bestimmten Zeitpunkt und für einen bestimmten Zeitraum den zusätzlichen Bedarf an Finanzmitteln darstellt. Im Gegensatz dazu bezieht sich der *Bruttofinanzmittelbedarf* auf den gesamten Finanzierungsbedarf eine Unternehmung, beispielsweise bei der Gründung. Tabelle 2.1 zeigt die Ermittlung des Kapitalbedarfs bei einer Kapazitätserweiterung (s. Springer Essential: „Investitions- und Wirtschaftlichkeitsrechnung für Ingenieure").

Das Unternehmen kann bei der Kapitalbindung von Erfahrungswerten ausgehen. Insbesondere bei Erst- oder Neuinvestitionen muss neben der eigentlichen Finanzierung des Anlagevermögens auch das anfangs zum Betrieb der Anlage notwendige Umlaufvermögen in der Bedarfsermittlung mit berücksichtigt werden. Für Beschaffung, Produktion, Lagerung und Vertrieb entstehen tägliche Aufwendungen.

Tab. 2.1 Kapitalbedarfsermittlung für eine Kapazitätserweiterung im Produktionssektor. (Quelle: eigene Darstellung)

Anlageninvestitionen (in €)	Kauf des Grundstücks	250.000
	Bau der neuen Produktionshalle	1.500.000
	Einrichtung der neuen Produktionshalle	750.000
	Anschaffung von Maschinen	1.000.000
	Kauf von Förderanlagen	200.000
Gesamt		*3.700.000*
Kapitalbindungsdauer (in Tagen)	Lagerungsdauer von Rohstoffen	40
	Herstellungszeit	20
	Lagerungsdauer der Fertigteile	10
	Zahlungsziel für Kunden	30
Gesamt		*100*
Tagesaufwand (in €)	Material	15.000
	Hilfs- und Betriebsstoffe	2000
	Löhne und Gehälter	10.000
	Gemeinkosten	3000
Gesamt		*30.000*
Kapitalbindung im Umlaufvermögen (in €)	Kapitalbindungsdauer * Tagesaufwand	3.000.000
Kapitalbindung im Anlagevermögen (in €)		3.700.000
Gesamter Kapitalbedarf		*6.700.000*

• *Finanzmittelbeschaffung*

Nach der Ermittlung des Finanzmittelbedarfs werden die Finanzmittel unter Berücksichtigung wichtiger Faktoren beschafft. Dies sind in erster Linie die Wahl einer geeigneten *Finanzierungsform* (Außen-, Innen-, Selbst-, Eigen- oder Fremdfinanzierung) sowie die Festlegung der entsprechenden *Finanzierungsarten* (Häufigkeit, Fristigkeit und Herkunft der Finanzmittel). Besondere Bedeutung haben dabei die *einmaligen* und *laufenden Kosten* der Finanzierung, wie sie als Beispiel in Tab. 2.1 aufgeführt sind.

• *Finanzmittelverwendung*

Die beschafften Finanzmittel werden im eigenen Unternehmen für Investitionen verwendet. Aber auch außerhalb des Unternehmens finden die Mittel in Finanztiteln (Wertpapiere) und Barvermögen bei Banken oder auch in direkten Darlehen für andere Unternehmungen ihre Verwendung.

2.3   Vermögens- und Kapitalstrukturierung sowie Risikoabsicherung

Die beschafften Finanzmittel müssen so verwendet werden, dass zwischen Befristung und Volumen ein Gleichgewicht vorhanden ist. Im anderen Falle kann das Unternehmen seinen Zahlungsverpflichtungen nicht mehr nachkommen und die Insolvenz droht. Deshalb ist es Aufgabe der betrieblichen Finanzwirtschaft, für ein *ausgewogenes Verhältnis* der horizontalen und vertikalen Vermögens- und Kapitalstruktur und des finanzwirtschaftlichen Gleichgewichts (Verhältnis zwischen Forderungen und Verbindlichkeiten) zu sorgen (s. Springer Essential: „Gewinn- und Verlustrechnung und Bilanz für Ingenieure").

Es kann sehr wichtig sein, die Risiken der Kapitalbeschaffungs- und Kapitalanlagemöglichkeiten abzuschätzen. Für international operierende Unternehmen mit hohen Import- bzw. Exportanteilen ist vor allem die *Absicherung* gegen *Währungsrisiken* und *Kursschwankungen* von Bedeutung.

Finanzierungsarten 3

Abbildung 3.1 zeigt die verschiedenen Arten der Finanzierung.

3.1 Art der Kapitalmittel

Aus bilanzieller Sicht unterscheiden sich die Kapitalmittel auf der Kapitalseite der Bilanz (Passiva) in Eigen- und Fremdkapital (s. Springer Essential: „Gewinn- und Verlustrechnung (GuV) und Bilanz für Ingenieure"). Die wichtigsten Unterschiede zwischen Eigen- und Fremdkapital zeigt Tab. 3.1.

3.2 Herkunft der Kapitalmittel

Das Unternehmen kann sich durch *eigene* und durch *externe*, von außen zufließende Mittel finanzieren. Eine *Innenfinanzierung* liegt vor, wenn das Unternehmen aus eigenen Mitteln Rücklagen oder stille Reserven bildet (Abb. 3.2). Auch durch (überhöhte) Abschreibungen kann eine Innenfinanzierung entstehen.

Kennzeichnend für die *Außenfinanzierung* sind Zuflüsse fremder Mittel aus Einlagen und Beteiligungen, die in das Gesellschaftskapital fließen und entsprechenden Vermögenswerten auf der Aktivseite der Bilanz gegenüberstehen. Die Rechtsform der Unternehmung bestimmt weitestgehend die Außenfinanzierung von Eigenkapital als Einlagen- oder Beteiligungsfinanzierung, beispielsweise die Kapitalerhöhung einer Aktiengesellschaft.

© Springer Fachmedien Wiesbaden 2015
E. Hering, *Finanzierung für Ingenieure*, essentials,
DOI 10.1007/978-3-658-08157-7_3

Abb. 3.1 Übersicht über die Arten von Finanzierung. (Quelle: eigene Darstellung)

Tab. 3.1 Eigen- und Fremdkapital im Vergleich. (Quelle: eigene Darstellung)

	Eigenkapital	Fremdkapital
Rechtsverhältnis und Rechtsstellung	Beteiligung als Unternehmenseigner	Schuldverhältnis als Gläubiger
Verfügbarkeit	Unbefristet	Befristet
Anspruch auf Verzinsung des Kapitals	Nein	Ja
Erfolgsbeteiligung amGewinn und Verlust	Ja	Nein
Mitbestimmung durch Kapitalgeber	Ja	Nein
Kündigung des Kapitals	Nein	Ja

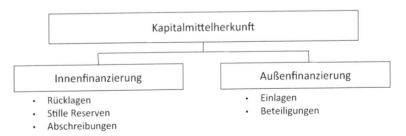

Abb. 3.2 Einteilung nach Herkunft der Finanzmittel. (Quelle: eigene Darstellung)

Mit der Finanzierung aus *langfristigen Rückstellungen*, insbesondere aus Pensionsrückstellungen erhöhen sich die Fremdmittel des Unternehmens. Die Finanzierung aus (bilanziellen) Abschreibungsgegenwerten bedeutet einen Tausch innerhalb der Aktiva. Der Ansatz überhöhter Abschreibungswerte oder langfristiger Rückstellungen bewirkt durch die eintretende Gewinnminderung die Bildung einer *stillen Selbstfinanzierung.* Allerdings ergeben sich daraus bei Auflösung oder Aufdeckung der stillen Reserve nicht unbedeutende Probleme.

3.3 Rechtsstellung des Kapitalgebers

Als *Eigentümer* finanziert der Unternehmer bei der Eigenfinanzierung seinen Betrieb selbst mit *unbefristetem Eigenkapital.* Daraus erhält er keinen Anspruch auf Verzinsung des eingebrachten Eigenkapitals, sondern Anteil am Gewinn und auch am Verlust des Unternehmens. Dies ist besonders bei der Wahl der Rechtsform zu berücksichtigen.

Bei der *Fremdfinanzierung* dagegen treten als Kapitalgeber nicht Eigentümer, sondern Gläubiger (Banken) und Miteigentümer (Aktionäre) auf, die dem Schuldnerunternehmen gegen Anspruch auf rechtzeitige Rückzahlung mit Verzinsung der Fremdfinanzmittel Kapital überlassen.

Schließlich kann das Unternehmen aus seiner erfolgreichen Tätigkeit sich selbst Finanzmittel zur Verfügung stellen. Diese *Selbstfinanzierung* geschieht durch Nichtausschüttung von Gewinnen, Finanzierung aus Abschreibungsgegenwerten, Veräußerung von Vermögensgegenständen oder der Durchführung von Rationalisierungsmaßnahmen. Abbildung 3.3 zeigt die Finanzierungsarten, wie sie in Eigen- und Fremdfinanzierung auf der einen und der Innen- und Außenfinanzierung auf der anderen Seite eingeteilt werden können. Die klare Abgrenzung der Selbstfinanzierung zur Eigenfinanzierung bereitet Probleme, da nicht ausgeschüt-

	Innenfinanzierung		Außenfinanzierung
	Selbstfinanzierung		
Eigenfinanzierung	Finanzierung aus zurückbehaltenem Gewinn (Gewinnthesaurierung)	Finanzierung aus Abschreibungen	Eilagen- bzw. Beteiligungs- Finanzierung
		Finanzierung aus überhöhten Rückstellungen	
	Rücklagenbildung	Finanzierung durch Verringerung des Umlaufvermögens	
		Finanzierung durch Vermögensumschichtung	
Fremdfinanzierung	Finanzierung aus angemessenen Rückstellungen		Kreditfinanzierung
			Subventionsfinanzierung
Sonderinstrumente der Finanzierung			Leasing
			Franchising
			Factoring

Abb. 3.3 Zusammenhang zwischen Art und Herkunft der Kapitalmittel. (Quelle: eigene Darstellung)

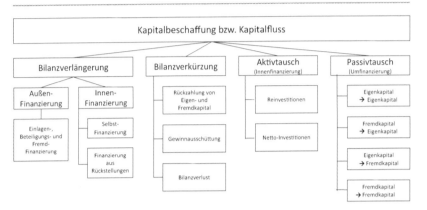

Abb. 3.4 Einfluss der Finanzierungsart auf die Bilanz. (Quelle: eigene Darstellung)

tete Gewinne den offenen, freien Rücklagen zufließen und somit zur Eigenfinanzierung des Unternehmens beitragen.

3.4   Einfluss auf den Vermögens- und Kapitalbereich

Die Finanzierungsvorgänge wirken sich erheblich auf die Bilanzstruktur des Ver-
mögens- und Kapitalbereichs aus (s. Springer Essential: „Gewinn- und Verlustrech-
nung (GuV) und Bilanz für Ingenieure"). Abbildung 3.4 zeigt die Zusammenhänge.
   Als Folge von Mittelzuflüssen aus Innen- und Außenfinanzierung nehmen
Vermögen bzw. Kapital zu und schlagen sich in einer *Bilanzverlängerung* nieder.
Nehmen Vermögen- bzw. Kapitalbestände durch die Rückzahlung des von außen
zugeführten Eigen- und Fremdkapitals ab, bilden sich *Bilanzverkürzungen*. Die
Ausschüttung von Gewinnen und der Ausweis von Bilanzverlusten verkürzen die
Bilanz ebenfalls.
   Werden bestehende oder neue Produktionskapazitäten aus Umsatzerlösen innen-
finanziert und verändern sich dabei Gesamtvermögen und Gesamtkapital in ihren
Zahlenwerten nicht, führen diese Vermögensumschichtungen zu einem *Aktivtausch*.
Die Umschichtungen im Kapitalbereich zwischen Eigen- und Fremdkapital lässt
bei gleichem Vermögens- und Kapitalwert einen *Passivtausch* entstehen (Abb. 3.4).

Tab. 3.2 Fristigkeit von Investitionen und Finanzierungen. (Quelle: eigene Darstellung)

Fristigkeit	Kurzfristig	Mittelfristig	Langfristig	Unbefristet
Dauer	Bis 1 Jahr	1 bis 5 Jahre	Über 5 Jahre	Unbegrenzt
Beispiel	Dispositions-kredit	Finanzierungs-kredit	Pensions-Rück-stellungen	Beteiligungska-pital

3.5 Dauer der Kapitalbereitstellung (Fristigkeit)

Die *Laufzeiten* der Investitionen sollen denen der *Finanzierung entsprechen*. Kurzfristige Mittel finanzieren kurzfristige Investitionen mit einer Laufzeit von bis zu einem Jahr. Längerfristige Finanzmittelverwendungen finanzieren sich aus längerlaufenden Mitteln. Grobe Fehldispositionen hinsichtlich der Dauer der Kapital- und Vermögensbereitstellung gefährden auch hier den Bestand des Unternehmens (Tab. 3.2).

Die Aufkündigung des überlassenen Kapitals kann fristlos, fristgerecht oder zu einem bestimmten Zeitpunkt erfolgen. Für das Unternehmen besteht insbesondere im Falle der fristlosen Kapitalkündigung die Gefahr der Illiquidität, da es möglicherweise nicht schnell genug ausreichendes und günstiges Kapital mobilisieren kann.

3.6 Anlass der Finanzierung

Die wesentlichsten Anlässe zur Finanzierungen entstehen bei

- *Gründung des Unternehmens*
Neugründung eines Gesamtunternehmens oder Gründung von ausgelagerten Gesellschaften, Betriebsteilen oder Niederlassungen.

- *Erhöhung des Kapitals*
Eintritt weiterer Gesellschafter oder Erhöhung der Gesellschaftsanteile in Mengenvolumen und Wert.

- *Konzernbildungen/Gesellschaftsfusionen*
Zusammenführung mehrerer Unternehmen mit oder ohne Mehrheitsbeteiligungen und gemeinsamer Dachgesellschaft, Verschmelzung mehrerer Gesellschaften in ein neues Unternehmen.

- *Unternehmensumwandlungen*
Veränderung der bisherigen Rechtsform der Unternehmung führt unter Umständen
zur günstigeren Kapitalmittelbeschaffung.

3.7 Häufigkeit der Finanzierung

Die Häufigkeit der Wiederholung des Finanzierungsprozesses kann entsprechende Auswirkungen auf die Organisation und die Kosten haben. Einmalige Finanzierungsvorgänge sind meist aufwändig und bieten geringere Ratio-
nalisierungspotenziale im Vergleich zu häufiger oder regelmäßig eintretenden
Finanzierungsvorgängen.

Finanzierungsinstrumente

4

Die nachfolgenden Instrumente und Formen der Finanzierung sind entsprechend ihrer Art und Herkunft gegliedert (Abb. 4.1).

4.1 Außenfinanzierung

4.1.1 Beteiligungsfinanzierung

Die *Beteiligungsfinanzierung* führt dem Unternehmen von außen langfristig und meist ohne feste Verzinsung Eigenkapital durch die Eigentümer einer Einzelunternehmung, durch die Miteigentümer einer Personengesellschaft oder durch die Anteilseigner einer Kapitalgesellschaft zu. Die bisherigen Eigentümer erhöhen ihre Einlagen, oder neue Gesellschafter erweitern das Eigenkapital. Neben Geldeinlagen sind auch Sacheinlagen (Maschinen, Rohstoffe, Waren) oder Einlagen in der Form von Rechten (Patente, Wertpapiere) möglich.

Die *Beteiligungsrechte* sind verschiedenartig verbrieft und bei entsprechender Vertretbarkeit im Sinne des BGB (*Fungibilität*) an Börsen handelbar und somit einem breitem Kapitalmarkt zugänglich. Bei vertretbaren Wertpapieren (*Effekten*) erfolgt die Finanzierung mit Ausgabe von Beteiligungseffekten (z. B. Aktien, Genuss-Scheine oder Investmentzertifikate). Für Aktiengesellschaften (AG) und Kommanditgesellschaften auf Aktien (KGaA) sind *emissionsfähige Beteiligungsfinanzierungen* möglich.

Die Finanzierung durch *Anteile* an einer Personengesellschaft (OHG, KG) oder Geschäftsanteilen an einer Gesellschaft mit beschränkter Haftung (GmbH) oder

© Springer Fachmedien Wiesbaden 2015
E. Hering, *Finanzierung für Ingenieure*, essentials,
DOI 10.1007/978-3-658-08157-7_4

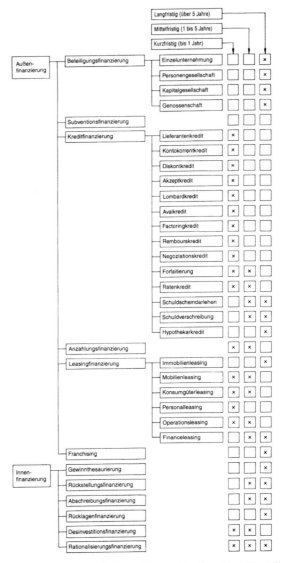

Abb. 4.1 Instrumente und Formen der Finanzierung. (Quelle: eigene Darstellung)

Genossenschaft (eG) hingegen erfüllen die Anforderungen das Börsengesetzes nicht und sind demnach nicht emissionsfähig. Die Ausgabe von Beteiligungseffekten entfällt.

• *Einzelunternehmung*
Durch die Zuführung von Mitteln aus dem Privatvermögen des Unternehmers wird das außenfinanzierte Eigenkapital aufgestockt. Der Einzelunternehmung können frei und ohne besondere gesetzliche Auflagen Kapitalmittel aus dem Gesellschaftervermögen unter Berücksichtigung der Erfordernisse zur Liquiditätssicherung, Vermögens- und Kapitalstruktur zugeführt oder entnommen werden. Das Kapital dieser Beteiligungsfinanzierung bezeichnet man als *variables Beteiligungskapital*.

Die *stille Gesellschaftsbeteiligung* führt der Einzelunternehmung weitere Kapitalmittel zu. Die Gläubiger wirken nicht geschäftsführend und treten nach außen nicht für Verbindlichkeiten ein, haben Anspruch auf Gewinn und sind gegebenenfalls mit ihrer Einlage am Verlust beteiligt.

• *Personengesellschaften*
Für die *Offene Handelsgesellschaft (OHG)* gilt ebenfalls das variable Beteiligungskapital. Die geschäftsführungsberechtigten Gesellschafter erhöhen oder verringern ihre bestehende Kapitaleinlage frei im Rahmen der gefassten Regelungen des Gesellschaftsvertrages. Mit der Aufnahme neuer geschäftsführungsberechtigter Gesellschafter und deren Einlage erweitert die Gesellschaft ihre Eigenkapitalbasis.

Die *Kommanditgesellschaft* dagegen trennt ihr Gesellschaftskapital in *geschäftsführungsberechtigtes Komplementärkapital* und *nicht geschäftsführungsberechtigtes Kommanditkapital*. Dabei trägt das eingebrachte Kapital der Komplementäre wie bei der Offenen Handelsgesellschaft (OHG) und Einzelunternehmung die Eigenschaften des variablen Beteiligungskapitals. Bei der Ausstattung des Gesellschaftskapitals durch die Kommanditisten hingegen handelt es sich um festes Beteiligungskapital. Die Veränderung des Kommanditkapitals bedarf einer Änderung im Gesellschaftsvertrag und ist im Handelsregister anzuzeigen. Der Kommanditgesellschaft fließen durch die Aufnahmen weiterer Kommanditisten Einlagen für das Gesellschaftskapital zu.

• *Kapitalgesellschaften*
Das nominell fest gebundene und haftende Beteiligungskapital der Kapitalgesellschaft (GmbH, AG) ist erfolgsbeteiligt und dividendenberechtigt. Nicht erfolgsbeteiligtes und nicht dividendenberechtigtes Beteiligungskapital stellen die Rücklagen dar. Die Gewinne, die den Gesellschaftern zustehen, aber nicht ausgeschüttet werden sind die *freien Rücklagen*. Das aus Aktienemissionen stammende Aufgeld

(*Agio*) oder die Zuzahlungen bei der Begebung von Optionsanleihen werden als *offene Rücklage* bezeichnet. Das nicht erfolgsbeteiligte und nicht dividendenberechtigte Beteiligungskapital kann nach Gesellschafterbeschluß in nominelles Beteiligungskapital umgewandelt werden.

Das Stammkapital der *GmbH* beträgt mindestens 25.000,- € mit der Mindesteinlage von 500,- € eines Gesellschafters. Eine Nachschusspflicht der Gesellschafter gegenüber der Gesellschaft ist beschränkbar oder unbeschränkt. Der Eigenkapitalmittelzufluss erfolgt durch die Erhöhung bestehender Stammeinlagen der Gesellschafter oder die Aufnahme neuer Gesellschafter mit Einbringung weiterer Geschäftsanteile. Im Vergleich zur KG ist die Beschaffung neuer Kommanditeinlagen günstiger, wird jedoch durch den fehlenden organisierten Kapitalmarkt für GmbH-Geschäftsanteile und der notariellen Beurkundung bei Anteilsübertragung eingeengt.

Zur Finanzierung eines großen Beteiligungskapitalvolumens eignet sich die *Aktiengesellschaft (AG)*. Mit einem Grundkapital als haftendes Beteiligungskapital von mindestens 50.000,- € und fünf Gesellschaftern ausgestattet, wird das Beteiligungskapital am Kapitalmarkt meist breit gestreut. Dabei unterliegen die Aktionäre keiner Verpflichtung, ihre Unternehmensanteile ständig zu halten und können ihre Beteiligungen am organisierten Kapitalmarkt der Börse veräußern. Die Eigentumsübertragung einer Inhaberaktie von einen Aktionär zu einem neuen Anteilseigner vollzieht sich durch Einigung und Übergabe der Aktien. Sind von der AG *Namensaktien* begeben worden, so tragen sich die Aktionäre in ein Aktienbuch namentlich ein. Im Sonderfall der *vinkulierten Namensaktie* bedarf es der Zustimmung der Übertragung durch die AG. Entsprechend den verbrieften Rechten kann die AG *Stammaktien* und *Vorzugsaktien* ausgeben. Mit der Stammaktie wird das Recht zur Teilnahme an der Hauptversammlung (Auskunftserteilung, Stimmrecht, Beschlussanfechtung), das Recht auf Dividendenzahlung und Anteil am Liquidationserlös sowie das Recht zum Bezug junger Aktien verbrieft. Bei der Begebung von Vorzugsaktien erhält der Anteilseigner gegenüber den Stammaktionären bestimmte Vorzüge, nimmt dafür aber bestimmte Einschränkungen in Kauf. Die Ausgestaltung der Vorzugsaktien weisen verschiedenste Formen auf. Beispielsweise sind Dividenden von Vorzügen höher gegenüber denen der Stämme, verzichten aber auf ihr Stimmrecht.

Neben der *Gründungsfinanzierung* stehen der Gesellschaft zur Beschaffung weiterer Mittel zum Zweck der Beteiligungsfinanzierung Kapitalerhöhungen zur Verfügung. Die ordentliche Kapitalerhöhungen des Grundkapitals erfolgt nach Beschluss der Hauptversammlung mit der Ausgabe neuer Aktien. Mit der genehmigten Kapitalerhöhung berechtigt die Hauptversammlung den Vorstand, während eines Zeitraumes von fünf Jahren eine im Wert bestimmte *Kapitalerhöhung* entsprechend des zeitlichen Finanzmittelbedarfs der Gesellschaft und der Situation am Kapitalmarkt durchzuführen. Aus der Ansammlung einbehaltener Gewinne (*Gewinnthesaurierung*) entstandene offene Rücklagen werden bei einer Kapitalerhöhung aus Gesellschaftsmitteln in Grundkapital umgewandelt. Mit der *bedingten Kapitalerhöhung* stehen der Gesellschaft bestimmte Umtausch- und Bezugsrechte für die neuen Aktien zur Verfügung. Dies sind die Gewährung eines Umtauschrechts bei Wandelobligationen oder Bezugsrechten bei Optionsanleihen, Vorbereitungen von Fusionen sowie die Ausgabe von Aktien an die Mitarbeiter des Unternehmens. Eine aus *steuerlichen Aspekten* entwickelte Form stellt die *Dividendenkapitalerhöhung* der AG dar. Zur Vermeidung der hohen Belastung mit Körperschaftssteuer bei Gewinnthesaurierung schüttet die Gesellschaft die einbehaltenen Gewinne an ihre Aktionäre aus und verringert dadurch die Steuerbelastung. Um die freigesetzten Mittel von den Aktionären zurückzuholen, bietet die Gesellschaft ihren Aktionären die vorteilhafte Möglichkeiten zur Wiederanlage an. Dieses Verfahren wird als *Schütt-aus-hol-zurück-Politik* bezeichnet.

Zur *Entscheidung über die Zuführung von Eigen- oder Fremdkapital* sind einige besondere Aspekte bezüglich Entscheidungsbefugnis, Liquidität und Besteuerung zu beachten: Durch die Kapitalmittelzuführung in der Form der Kapitalerhöhung wird die Liquiditätsdecke der AG nicht verringert, da keine Aufwendungen für Zins und Tilgung entstehen und in schwierigen Zeiten dadurch nicht zusätzlich die Unternehmenssubstanz belastet wird. Der erwirtschaftete Gewinn der AG wird zum Teil an die Aktionäre als Dividende zurückgeführt und zum Teil für Rücklagen verwendet. Darüber hinaus verschieben sich durch zusätzlich ausgegebene (junge) Aktien die Stimmenverhältnisse, die Auswirkungen auf zu treffende Gesellschaftsbeschlüsse herbeiführen können. Dementgegen führt der Zufluss von Fremdkapitalmitteln nicht zu Veränderungen der Stimmenverhältnisse. Die Zinsaufwendungen gelten als Betriebsausgaben und sind steuerlich vom Gewinn abziehbar. Schließlich muss die jeweilige aktuelle Situation und das gegeben Umfeld am Kapitalmarkt in die Entscheidung einbezogen werden. Bei niedrigem Kapitalmarktzins und zu erwartender Gesamtkapitalrentabilität über dem Fremdkapitalzins bietet sich die Finanzierung durch Fremdmittel an. In Hochzinsphasen eigenen sich besonders unter dem Kapitalmarktzins liegende *Wandelobligationen* und *Optionsanleihen*.

Die Außenfinanzierung der *eingetragenen Genossenschaft* (eG) verhält sich annähernd der Außenfinanzierung einer GmbH. Die Beschaffung der Beteiligungskapitals geschieht durch die Ausgabe von Geschäftsanteilen gegen die Beteiligungseinlage der Genossen oder der Neuaufnahme weiterer Genossen.

4.1.2 Kreditfinanzierung

Die Kreditfinanzierung überlässt dem Kreditnehmer ein in der Höhe festgelegtes und im Zeitraum befristetes Kreditkapital. Als Preis für die Überlassung der Mittel fordert der Kreditgeber eine entsprechende Verzinsung. Der Kreditnehmer verpflichtet sich, den fälligen Zins- und Tilgungsverpflichtungen zu den vereinbarten Zeitpunkten nachzukommen. In der Regel bedienen sich Kreditmittelgeber entsprechender *Kreditabsicherungen.*

Neben Kreditfinanzierungen über den organisierten nationalen und internationalen Kredit- und Kapitalmarkt mit Banken, Versicherungen und sonstigen Finanzierungsinstitutionen nutzen Unternehmen auch *nichtorganisierte Kreditfinanzierungsformen* mit Lieferanten, anderen Unternehmen, externen Personen, Mitarbeitern und öffentlichen Einrichtungen als Gläubiger.

• *Ablauf einer Kreditfinanzierung*
Bevor eine Kreditfinanzierung zustande kommt, bedarf es der Ermittlung des erforderlichen Kreditbedarfs der Unternehmung. Anschließend ist zu prüfen, wer ein entsprechendes Kreditvolumen zu welchen Konditionen anbietet. Zur Entscheidungsfindung werden verschiedene Alternativen der Kreditfinanzierung nach der Form der Kreditgewährung gegenübergestellt. Wesentliche Aspekte sind:
 – Kreditbedarfsermittlung,
 – Finanzierungsform,
 – Kreditmittelerhältlichkeit,
 – Zins- und Tilgungsmodus,
 – Finanzierungskonditionen,
 – Investitionsrechnung,
 – Alternativenvergleich und
 – Kreditsicherung.

• *Kreditprüfung*
Zur Gewährung einer Kreditfinanzierung sind verschiedene Voraussetzungen erforderlich, die durch eine Prüfung der Kreditwürdigkeit (*Bonitätsprüfung*) belegt werden sollen. Der Kreditsuchende muss neben der vertraglich geregelten Zahlung der Raten (*Tilgung*) entsprechend seiner Verpflichtung nachkommen können, auch die aus der Kreditfinanzierung vereinbarten *Zinsen* als Preis der befristeten Überlassung des Kreditbetrages an der Kreditgeber zu zahlen. Der Kreditgeber bedient sich zur Bonitätsprüfung verschiedener *Informationsquellen*. Aus Betriebsbesichtigungen, Bilanzen, Erfolgsrechnungen, Kosten- und Leistungsrechnungen, Betriebsstatistiken, Geschäftsberichten und Prüfungsberichten bezieht der potenziel-

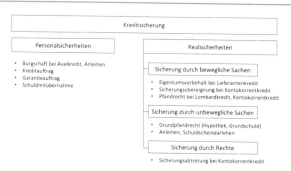

Abb. 4.2 Arten der Kreditsicherung mit typischen Anwendungen. (Quelle: eigene Darstellung)

le Kreditgeber umfassende *innerbetriebliche Informationen*. Ergänzend werden *außerbetriebliche Informationen* zur gesamten Wirtschaftsentwicklung, Branchenberichte, Geschäftspartnerberichte und über Wirtschaftsauskunfteien eingeholt.

• *Kreditmittelsicherung*

Zur Absicherung gegen Risiken einer teilweisen oder vollständigen Nichtrückzahlung oder verspäteten Rückzahlung fordern Kreditgeber neben den Kreditprüfungen und Kreditüberwachungen von den Schuldnern Kreditsicherheiten. Im Prinzip handelt es sich um Personal- und Realsicherungen (Abb. 4.2).

Aus der *Kreditsicherung mit Personalsicherheiten* leiten sich schuldrechtliche Ansprüche gegen Personen als Sicherungsgeber ab, die mit ihrem Vermögen haften.

Innerhalb einer *Bürgschaft* verpflichtet sich der Bürge gegenüber dem Gläubiger vertraglich, für die Verbindlichkeiten des Dritten (Hauptschuldners) einzutreten. Mit dem formfreien *Kreditauftrag* wird ein anderer (Gläubiger) beauftragt, an einen Dritten (Hauptschuldner) einen Kredit auf eigene Rechnung zu gewähren. Für die aus dem Kreditauftrag entstandenen Forderungen haftet der Auftraggeber wie ein Bürge. Durch den nicht gesetzlich geregelten *Garantievertrag* verspricht der Garantierende einem anderen (Gläubiger), für den Erfolg einzustehen, der ihm aus der Unternehmung eines Dritten (Hauptschuldner) erwächst, insbesondere bei Risiken aus der Unternehmung. Die ebenfalls nicht gesetzlich geregelte *Schuldmitübernahme* besteht dem Wesen nach in der Übernahme einer fremden Verbindlichkeit durch einen neuen Schuldner. Für die Verbindlichkeiten haften somit beide Schuldner.

Im Zuge der *Kreditsicherung aus Realsicherheiten* verlangen Gläubiger die Erbringung von dinglichen Sicherheiten an Grundstücken, Gebäuden, Anlagen, Produkten und Handelswaren.

Für *bewegliche Sachen als Sicherungsmittel* setzen Gläubiger den *Eigentums-vorbehalt*, die *Sicherungsübereignung* und das *Pfandrecht* ein. Im Falle des *Eigentumsvorbehaltes* behält sich der Verkäufer bis zur vollständigen Bezahlung das Eigentum an der verkauften Sache vor. Beim *verlängertem Eigentumsvorbehalt* tritt der Käufer dem Verkäufer die Forderung aus der Weiterveräußerung ab. Mit der *Sicherungsübereignung* wird das Eigentum eines bestimmten Sicherungsgutes an den Kreditgeber übereignet, jedoch ohne tatsächliche Übergabe. Mit der Sicherungsübereignung erhält der Kreditgeber den Status des Eigentümers. Der Kreditnehmer bleibt lediglich unmittelbarer Besitzer der Sache. Die Nutzung durch den Besitzers schafft erst die Voraussetzung zur Rückzahlung des gewährten Kredits. Nach den gesetzlichen Regelungen des Pfandrechts ist der Gläubiger berechtigt, bei Nichterfüllung der durch das *Pfandrecht* gesicherten Forderung, den Pfandgegenstand zur Befriedigung seiner Forderungen zu verwerten.

Für *unbewegliche Sachen als Sicherungsmittel* nutzen Gläubiger die Grundpfandrechte in der Form einer Hypothek oder einer Grundschuld. Mit einer *Hypothek* wird ein Grundstück belastet, wenn der Begünstigte (Gläubiger) berechtigt ist, für seine Forderungen Befriedigung aus dem Grundstück zu erlangen. Dabei weisen die Höhe der Forderung und der Umfang der eingetragenen Hypothek einen unmittelbaren Zusammenhang auf (*Akzessorietät*). Die Rangfolge der im Grundbuch eingetragenen Hypothek wird durch die Reihenfolge bestimmt. Der Schuldner muss nicht Eigentümer des belasteten Grundstücks sein. Er haftet für die eingegangene Verbindlichkeit nicht nur mit seinem Gesamtvermögen, sondern auch mit dem belasteten Grundstück und dessen Bestandteilen, insbesondere Gebäude. Durch Eintragung einer *Grundschuld* wird ein Grundstück belastet, aus dem an den Begünstigten eine bestimmte Geldsumme zu zahlen ist. Im Gegensatz zur Hypothek ist die Grundschuld unabhängig von einer Forderung und kann unabhängig von einer Kreditinanspruchnahme bestehen bleiben. Banken ziehen zur Sicherung von Realkrediten die Grundschuld einer Hypothek vor, da die Grundschuld nach der Tilgung weiter besteht und damit eine Kreditsicherheit für andere Kreditverbindlichkeiten des Kreditnehmers darstellt.

Schließlich bieten sich noch *Rechte als Sicherungsmittel* an, beispielsweise die Sicherungsabtretung oder das Rechtspfand. Durch die *Sicherungsabtretung* tritt der Kreditnehmer (*Zedent*) Forderungen ab, die zur Sicherung der Forderung des Kreditgebers (*Zessionär*) dienen. Der Gläubiger wird somit berechtigt, bei Zahlungsverzug des Schuldners bestehende Außenstände einzuziehen.

• *Lieferantenkredit*
Mit dem Lieferantenkredit räumt der Lieferant dem Kunden im Kaufvertrag einen *befristeten Zahlungsaufschub* ein (Zielkauf) und gewährt ihm dadurch Kredit. Es

Tab. 4.1 Zinsertrag durch Nutzung der Skontoabzüge. (Quelle: eigene Darstellung)

Rechnungsbetrag (€)	10.000
Zahlungsziel (Tage)	30
Skontozeit (Tage)	10
Skontosatz (%)	3
Skontobetrag (€)	300
Nettobetrag (€)	9.700
Zinsaufwand (%)	3,09
Jahreszinsaufwand (%)	*55,67*

erfolgt eine Stundung des Kaufpreises mit Einverständnis des Verkäufers. Im Prinzip handelt es sich bei dem Lieferantenkredit um ein Instrument zur Absatzförderung mittels Absatzfinanzierung und dem Ziel der Kundenbindung. Der Kunde kann die durch den Lieferantenkredit freigewordenen Mittel vorübergehend anderweitiger Verwendung zuführen oder zur Vermeidung drohender Liquiditätsengpässe einsetzen. Die Abwicklung des Lieferantenkredits ist organisatorisch nicht aufwändig, da keine besonderen Formalitäten zu beachten sind, und auf umfassende Kreditwürdigkeitsprüfungen wie bei Bankkrediten verzichtet wird. Die *Sicherung* der Forderungen gegenüber dem Abnehmer geschieht durch *Eigentumsvorbehalt*. Mit der Ausnutzung des scheinbar günstigen Lieferantenkredits bezahlt der *Abnehmer* einen *hohen Zins*. Auf ein Jahr berechnet, verursacht der Lieferantenkredit das Vielfache der Zinsen eines Bankkredits. Bereits in ihren Preiskalkulationen berücksichtigen Lieferanten die Zinsbelastung des Zahlungsaufschubs. Es sollte stets geprüft werden, ob durch anderweitige, wesentlich günstigere Finanzierungsalternativen, beispielsweise durch einen kurzfristigen Bankkredit, die Sofortzahlung unter Skontoabzug vorgenommen werden kann. Eine Vergleichbarkeit zwischen den beiden Finanzierungsformen ist nur dann gegeben, wenn der Käufer den Lieferantenkredit regelmäßig in Anspruch nimmt. Bei Nutzung des Lieferantenkredits ist es für den Abnehmer günstig, zum spätesten Zeitpunkt die Zahlung zu leisten. Zur Verdeutlichung dient folgendes Beispiel: Ein Rechnungsbetrag ist zahlbar innerhalb 30 Tagen. Bei Zahlung innerhalb von 10 Tagen mit 3 % Skontoabzug (Tab. 4.1). Der Jahreszinsaufwand für die Gewährung von 3 % Skonto beträgt 55,67 %.

Folgende Formeln liegen dabei zugrunde:

$$\text{Zinsaufwand} (\%) = \frac{\text{Skontobetrag}}{\text{Nettobetrag}} \cdot 100$$

$$\text{Jahreszinsaufwand} (\%) = \frac{\text{Zinsaufwand}}{\text{Zahlungsziel} - \text{Skontofrist}} \cdot 360$$

Der Lieferantenkredit kann den Lagerbestand des Unternehmens ohne Liquidi-
tätseinbußen finanzieren, wenn Lagerzeitraum und Zeitrahmen des an die eigenen Kunden gewährten Lieferantenkredits die des Lieferantenkredits bei Einkauf
nicht überschreiten. Die Vorfinanzierung der Lagerbestände durch das Unternehmen entfällt, bzw. wird vollkommen aus Kundenumsatzerlösen getätigt, wenn bei
der Beschaffung der Lieferant ein Zahlungsziel von 30 Tagen mit 3 % Skonto gewährt und beim Absatz den Kunden ein Zahlungsziel von 20 Tagen mit 2 % Skonto eingeräumt wird. Voraussetzung hierfür ist ein Lagerbestandszeitraum von 10
Tagen. Nehmen die Kunden den Lieferantenkredit in Anspruch, vermindern sich
die Kreditkosten des Unternehmens um den Skontosatz des Lieferantenkredits an
die Kunden. Die Gestaltung des Lieferantenkredits ist wesentlich von Beziehung
und Marktstellung zwischen Lieferant und Abnehmer abhängig. Die wirtschaftliche Marktmacht kann der Abnehmer ausnutzen, wenn er am Ende eines vom
Lieferanten gewährten Zahlungsziels seinen Verbindlichkeiten nicht nachkommt.
Überschreitet der Annehmer die Zahlung um den weiteren Zeitraum des Zahlungsziels und bezieht der Abnehmer regelmäßig Produkte vom Anbieter, so steht der
Schuldner stets mit einer Lieferungsverbindlichkeit im Rückstand. Die dadurch
frei gewordenen Mittel kann der Abnehmer anderweitig verwenden. Er schuldet
dem Lieferanten die doppelte Verbindlichkeit. Darüber hinaus vermindert sich für
den Abnehmer die Skontobelastung aus der ersten Lieferung auf die Hälfte. Erst
am Ende der Geschäftsbeziehung erfolgt die Zahlung der rollierenden ersten Zahlungsschuld.

Der Lieferantenkredit bietet sich besonders dann an, wenn ein Unternehmen
aufgrund seiner geringen Liquiditätsdecke Forderungen aus Lieferungen nicht sofort selbst leisten kann und Banken mangels ausreichender Sicherheiten keinen
Kredit gewähren. Dieser Hintergrund stellt auch den Lieferanten vor gewisse Ri-
sikoentscheidungen, wodurch sich der hohe Jahreszins zumindest in Teilen recht-
fertigen läßt.

• *Kontokorrentkredit*
Die Bank des Kreditnehmers gewährt die Überziehung des Kontos bis zu einem
gemeinsam vereinbarten Höchstbetrag (*Kreditrahmen*). Die Zahlungseingänge
und Zahlungsausgänge werden laufend verrechnet. Als Kosten fallen für den Kreditnehmer Kreditzinsen, Kreditprovisionen zur Bereitstellung und Umsatzprovi-
sionen an. Für Überschreitungen des gewährten Kreditrahmen entstehen zusätzliche Überziehungsprovisionen. Der Kontokorrentkredit dient zur Finanzierung
von *Spitzenbelastungen*, beispielsweise Lohnzahlungen oder Skontozahlungen.
Der Kontokorrentkredit vermittelt der Bank einen umfassenden Einblick in die
aktuelle wirtschaftliche Lage des Unternehmens. Er vermittelt Einblicke in den

Tab. 4.2 Kostenvergleich zwischen Kontokorrentkredit und längerfristigen Kreditfinanzierung. (Quelle: eigene Darstellung)

	Kontokorrentkredit	Längerfristiger Kredit
Kreditdauer (Monate)	12	12
Durchschnittlicher Jahreszinssatz (%)	12,5	9
Budget für Kreditkosten	12.500,00	12.500,00
Möglicher Kreditbetrag	100.000,00	147.058,82

Kundenkreis, zeigt die Umsatzerlöse von Abnehmern, Zahlungen an Lieferanten und periodische Zahlungen. Dadurch bildet der Kontokorrent die Basis für eine Kreditwürdigkeitsprüfung.

Die schwer vorhersehbare Inanspruchnahme des tatsächlichen Kredits und die dadurch bedingten variablen Zinsen erschweren Kostenplanungen. Der Kontokorrentkredit erscheint als angenehme Finanzierungsmöglichkeit, allerdings mit entsprechend hohen Zinsen. Im Falle der ständigen Nutzung des eigentlich kurzfristigen Finanzierungsinstrumente bilden sich Zinskosten, die weit über den Zinsen einer von vornherein längerfristig geplanten Kreditfinanzierung sind. Wie Tab. 4.2 zeigt, kann bei denselben Kreditkosten in Höhe von 12.500,- € ein längerfristiger Kredit in Höhe von etwa 150.00,- € aufgenommen werden, während nur ein Kontokorrentkredit in Höhe von 100.000,- € finanzierbar ist.

* *Diskontkredit*

Den Wechselkrediten Diskontkredit und Akzeptkredit liegt jeweils ein *Wechselgeschäft* zugrunde. Der *Wechsel* als Wertpapier enthält ein *Zahlungsversprechen des Ausstellers*. Der Aussteller des Wechsels weist mit dieser unbedingten Zahlungsanweisung den Bezogenen an, eine festgelegte Geldsumme zu einem bestimmten Fälligkeitstermin zu zahlen. Mit Ankauf des Käuferwechsels räumt die Bank dem Verkäufer gegen einen bestimmten Zinssatz (Diskontsatz) einen Diskontkredit ein und sichert den Kredit gleichzeitig mit dem Wechsel.

Der Käufer erwirbt vom Verkäufer Produkte auf Ziel. Anschließend zieht der Verkäufer einen Wechsel auf den Käufer. Akzeptiert er die Wechselziehung, wird er ihn an den Verkäufer zurückreichen. Der Verkäufer reicht den Wechsel bei seiner Bank ein, die ihm daraufhin einen Wechseldiskontkredit gewährt. Zum Fälligkeitstermin legt die Bank den Wechsel dem Käufer vor, der die Wechselsumme bezahlt. Die Bank wiederum finanziert sich durch den Verkauf des Wechsels an die Landesbank und erhält dadurch einen Rediskontkredit. Diese Vorgänge beschreibt Abb. 4.3.

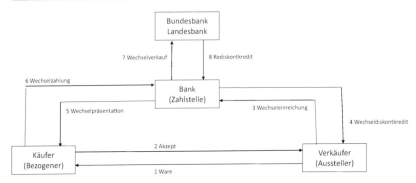

Abb. 4.3 Schema eines Wechseldiskontgeschäftes. (Quelle: eigene Darstellung)

Mit dem Produktverkauf auf Ziel belastet der Verkäufer über den gewährten Lieferantenkredit seine Liquidität. Das Wechselgeschäft ist für den Verkäufer günstig, da ihm unter anderem durch den Zeitunterschied zwischen Ausstellung und Zahlung die Möglichkeit zur Refinanzierung geboten wird. Bei Produktkauf auf Kredit sind die Kosten für Lieferantenkredit, Kontokorrentkredit und Wechseldiskontkredit miteinander zu vergleichen. Der Wechseldiskontkredit verursacht aufgrund höherer Kreditsicherheit und besseren Liquiditätsgrad gegenüber dem Lieferantenkredit wesentlich niedrigere Zinskosten.

- *Akzeptkredit*

Der Akzeptkredit ist ähnlich dem Diskontkredit. Die Finanzierung entsteht jedoch nicht dadurch, dass das ankaufende Kreditinstitut des Kundenwechsels dem Lieferanten einen Diskontkredit einräumt, sondern indem das Unternehmen einen *Wechsel auf das Kreditinstitut* zieht, das den Wechsel akzeptiert und dem Unternehmen im Prinzip seinen eigenen Kredit auf Wechselbasis zur Verfügung stellt. Zum Fälligkeitszeitpunkt legt die Bank dem Unternehmen den Wechsel vor und das Unternehmen stellt der Bank den Wechselbetrag auf seinem Kontokorrentkonto bereit. Bei dieser Kreditleihe fallen Zinsen, Wechselsteuer und Provisionen an. Mit dem Akzeptwechsel werden keine Geldmittel ausgezahlt. Diese Form der Kreditleihe bietet für das Unternehmen den Vorteil geringerer Kosten und wird häufig zur Zahlung von Forderungen aus *Außenhandelsgeschäften* eingesetzt. Der Schuldner trägt dann nur die Akzeptprovision und die Wechselsteuer. Indem die Bank praktisch ihren guten Namen zur Verfügung stellt, gewährt sie dementsprechend nur besten Schuldner einen Akzeptkredit.

- *Lombardkredit*

Kennzeichnend für den Lombardkredit ist die Sicherung mit *wertbeständigen* und *rasch umwandelbaren Sachen oder Rechten*. Hierzu eignen sich qualitativ hochwertige und verpfändbare Wertpapiere, Wechsel, Produkte oder Forderungen oder Edelmetalle, die jedoch nicht vollständig beliehen werden (Teilwert über 50 bis 80 % des Gesamtwertes). Die Lombardkreditfinanzierung findet häufig im *Warenhandel* statt. Wegen des *höheren Risikos* gegenüber dem Wechselgeschäft verzinst sich der *Lombardkredit* mit bis zu *einem Prozentpunkt über dem Diskontsatz*. Daneben sind Kreditprovisionen zu leisten. Insbesondere bei ausgeschöpfter Kreditlinie eignet sich der Lombardkredit zur kurzfristigen Finanzierung, ohne Vermögensgegenstände veräußern zu müssen.

- *Avalkredit*

Das Kreditinstitut übernimmt für das Unternehmen eine *Bürgschaft* in bestimmter Höhe, mit der Zahlungsansprüche Dritter gegen das Unternehmen besichert werden. Anstelle der vertraglichen Bürgschaft kann auch eine Garantie treten. Die Bürgschaft trägt im Gegensatz zur Garantie *akzessorischen Charakter*, das bedeutet die Abhängigkeit vom Bestehen der Schuld und ihrem Umfang. Die Garantie hängt somit nicht von einer bestehenden Schuld ab. Kosten entstehen nur für Provisionen. Von Bedeutung ist der Avalkredit bei *Importgeschäften*. Das Kreditinstitut besichert gegenüber den Zollbehörden importbezogene Aufwendungen (Zölle, Steuern), die der Importeur aus Liquiditätsgründen erst später zahlt. Zur Erlangung eines Auftrags von öffentlichen Institutionen oder bei Großaufträgen setzen die Auftraggeber meist Avalkredite mit Bankbürgschaften voraus. Damit werden gegebenenfalls zu zahlende Vertragsstrafen oder auch die Anzahlungsleistungen des Auftraggebers bei Nichterfüllung des Vertrages gesichert.

- *Factoringkredit*

Das Unternehmen verkauft, wie Abb. 4.4 zeigt, vertraglich Forderungen gegen Abnehmer an ein *Finanzierungsinstitut (Factor)*. Der Factor übernimmt damit das Ausfallrisiko der erworbenen Forderungen, die durch Zahlungsunfähigkeit des Abnehmers entstehen können. Dadurch, dass dem Unternehmen aus dem Forderungsverkauf sofort Geldmittel zufließen, entstehen keine Liquiditätsengpässe. Gleichzeitig kann es aber seinen Kunden Forderungsstundung anbieten und gleichzeitig dem Factor das Kreditrisiko übertragen. Der Kredit selbst ergibt sich aus der Forderungsübernahme und der Vorschusszahlung des Factors und finanziert somit einen Teil des Umlaufvermögens. Für den Verkauf erhält der Factor vom Unternehmen ein Entgelt, zusammengesetzt aus Sollzinsen, Risikoprämie und Factoringgebühr.

Der Factor bietet weitere Zusatzdienstleistungen an, die wesentlich zur Entlastung des Unternehmens von Verwaltungsaufwand beitragen, beispielsweise die

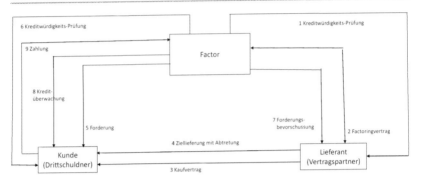

Abb. 4.4 Schema des offenen Factorings. (Quelle: eigene Darstellung)

Führung der ausgelagerten Debitorenbuchhaltung, die Übernahme des Mahnwesens, den Inkassodienst nicht abgetretener Forderungen oder die Übernahme der Rechnungsstellung.

Das Factoring kann als *offenes System* gestaltet werden. Dabei werden die Abnehmer über die Abtretung der Forderung an den Factor informiert und angewiesen, Zahlungen an ihn zu leisten. Bei Zahlungsverzug mahnt der Factor den Zahlungssäumigen direkt an. Im *stillen Factoringsystem* geht die Kundenzahlung beim Unternehmen ein, wird aber an den Factor weitergeleitet. Ausgestellten Kundenmahnungen übergibt der Factors an das Unternehmen. Das Mahnverfahren kann vom Unternehmen beeinflusst werden, indem beispielsweise für wichtige Kunden nach individueller Prüfung Mahnbescheide zurückgehalten werden.

• *Ratenkredit*
Analog zum persönlichen Teilzahlungskredit gewähren Teilzahlungsbanken den Unternehmen für kurz- bis mittelfristige Investitionen den *gewerblichen Ratenkredit*. Die Tilgung erfolgt mit monatlichen vom Kreditnehmer zu akzeptierenden Wechseln. Durch Sicherungsübereignung sichert der Kreditgeber den Ratenkredit.

• *Schuldscheindarlehen*
Ein Schuldscheindarlehen gewährt ein langfristiges Darlehen zur Investitionsfinanzierung gegen Aushändigung eines Schuldscheins. Die Kreditgeber sind meist *Kapitalsammelstellen*, beispielsweise Versicherungsgesellschaften und Sozialversicherungsträger, die am Kapitalmarkt gegen feste Verzinsung und gleichbleibende Kreditsummentilgung (Ratenzahlung) an Großunternehmen Darlehen einräumen. Die Stückelung der Gesamtsumme in Teilsummen ermöglicht für die Kreditnehmer *flexiblere Gestaltungsmöglichkeiten*. Hierbei verlangen Versicherungsgesell-

schaften für die Sicherung *erstrangige Grundpfandrechte*, wobei die *Schuldscheine* den Bestimmungen der Deckungsstockfähigkeit des Bundesaufsichtsamtes für Versicherungswesen unterliegen müssen. *Schuldscheindarlehen* finden *außerhalb des Bankensystems* statt, wobei die Banken die Funktion der Kreditvermittlung zwischen Kapitalsammelstellen und Unternehmen übernehmen. Da keine staatliche Genehmigungen vorgeschrieben sind und somit Börsenzulassungsverfahren entfallen, entstehen für die Aufnahme eines Schuldscheindarlehens im Gegensatz zur Schuldverschreibung für den Kreditnehmer geringe Kosten. Neben den Emissionskosten entfallen auch die umfassenden Publizitätspflichten.

• *Schuldverschreibung*
Schuldverschreibungen (*Obligationen*) werden von Industrie, Handel und Realkreditinstituten als Pfandbriefe, aber auch von der öffentlichen Hand (Bund, Länder und Gemeinden), sowie von den Sondervermögen des Bundes (Post, Bahn) ausgegeben. Die Ausgabe (Emission) einer Schuldverschreibung muss staatlich genehmigt werden und beinhaltet bei den ausgebenden Unternehmen (*Emittent*) umfassende Bonitätsprüfungen. Bei den Schuldverschreibungen handelt es sich um *Inhaberpapiere*, für die der jeweilige Inhaber seine Rechte geltend machen kann. Die Urkunde (*Mantel*) enthält die Regelungen zum Rechtsverhältnis zwischen Gläubiger (*Obligationär*) und Schuldner (*Emittent*), insbesondere zu Laufzeit, Verzinsung, Emissionskurs, Sicherung und Tilgung. Der Gläubiger kann, wie bei der Aktie, die Obligation nicht kündigen, dafür aber an der Börse veräußern. Schuldverschreibungen sind publizitätspflichtig und verursachen Emissionskosten. Die Besicherung erfolgt in der Regel durch *Negativklausel* (z. B. Erklärung zur Nichtbelastung von Grundstücken) und Grundpfandrecht.

Neben der reinen Schuldverschreibungen haben sich am Kapitalmarkt verschiedenste Varianten entwickelt. Mit der *Wandelobligation* erhält der Inhaber neben der Obligation das Recht, zu einem bestimmten Zeitpunkt Forderungen in Aktien des Emittenten umzuwandeln. Der Anleger erhält hierdurch die Wahlmöglichkeit, an *Kurszuwächsen der Aktien* teilzuhaben. Zum Zeitpunkt der Ausgabe wird der Wandlungspreis festgelegt. Die übliche Zinsausstattung der Wandelobligation liegt unter dem Kapitalmarktzins. Mit der Emission von Wandelobligation erhält der Emittent Fremdkapitalmittel zu niedrigen Zinsen. Nutzt der Obligationär die Wandlung, entsteht aus dem langfristigen Fremdkapital neues Eigenkapital. Zusätzlich zur Tilgungsanleihe erhält der Kreditgeber der Optionsanleihe ein Wahlrecht (*Option*) zum Bezug einer bestimmten Zahl von Aktien bis zu einem bestimmten Zeitpunkt. Der Bezugspreis für die Aktie wird von der Hauptversammlung zuvor festgelegt. Die *Option* zum Aktienbezug kann von der Anleihe gelöst werden und wird als selbständiger *Optionsschein* gehandelt. Steht für den Anleihenkäufer der

Bezug der Aktien nicht im Vordergrund, kann er den Optionsschein an der Börse verkaufen und ist in diesem Fall Gläubiger gegenüber dem Unternehmen als Anleiheemittent. Nutzt der Kapitalgeber den Optionsschein zum Aktienbezug, wird er *Gläubiger und Aktionär zugleich*. Wie bei der Obligation liegt auch bei der Optionsanleihe der Anleihenzins unter dem Marktzins und verschafft somit dem Kreditnehmer langfristiges Fremdkapitalmittel zu günstigen Konditionen. Mit Nutzung der Option wird der Aktiengesellschaft zusätzliches Eigenkapital zugeführt.

• *Hypothekarkredit*
Die Eintragung einer Hypothek sichert die feste Kreditsumme dieser langfristigen Kreditierung. Die Verpfändung oder Abtretung von Grundpfandrechten an Immobilien erfolgt zugunsten des Kreditgebers. Aus dem finanzierten Objekt selbst fließen die Mittel für Zins und Tilgung des Kredits an den Kreditgeber zurück. Der Beleihungswert des Vermögensgegenstandes bildet sich aus dem arithmetischen Mittel von Sachwert und Ertragswert. Aufgrund gesetzlicher Bestimmungen und Vorsichtsprinzipien der Kreditgeber liegt die höchstmögliche Beleihung – gekennzeichnet durch die Beleihungsgrenze – unter dem Beleihungswert.

• *Rembourskredit*
Der Rembourskredit entstand aus den im Außenhandel zugrundeliegenden *Risiken*, die sich aus der räumlichen Entfernung zwischen Käufer (*Importeur*) und Verkäufer (*Exporteur*) ergeben. Dabei haben die gängigen Regelungen der Leistungserfüllung aus Warengeschäften (*Leistung Zug-um-Zug*) zur Folge, dass die Zahlung des Kaufpreises an den Lieferanten erst bei Entgegennahme der Waren durch den Importeur erfolgt, und der Lieferant für eine bestimmte Zeitspanne weder über die Waren, noch über Zahlungen verfügt. Auch die Absicherung vertraglich vereinbarter Zahlungsziele zwischen Exporteur und Importeur bereitet Probleme. Diese Umstände stellen für Lieferant und Käufer eine äußerst unbefriedigende Situation dar, insbesondere vor dem Hintergrund gewisser Kommunikations- und Informationsprobleme. Zur Lösung dieser Situation entwickelte sich der Rembourskredit. Er stellt eine der wichtigsten *Exportfinanzierungen* dar. Durch den Ankauf eines Wechsels handelt es sich bei dieser kurzfristigen Fremdfinanzierung um einen *Außenhandelskredit*. Der Exporteur refinanziert sich durch Diskontierung des Wechsels. Die Abwicklung erfolgt durch *Dokumentenakkreditiv*. Abbildung 4.5 zeigt den Vorgang.

Zur Sicherstellung der Zahlung durch den Importeur verpflichtet sich die Bank des Exporteurs, die Geldzahlung dann zu leisten, wenn der Exporteur die erfolgte Lieferung an den Importeur mit der Vorlage entsprechender Dokumente (Rechnungen, Frachtversicherungspolicen, Seefrachtkonnossement) bei der Bank nach-

Abb. 4.5 Schema des Rembourskredites. (Quelle: eigene Darstellung)

weist. Bereits zum Zeitpunkt der Transportbeginns erhält der Exporteur somit Zahlungen. Mit der Übernahme des *Akkreditivs* durch die Bank, steht dem Exporteur neben dem Importeur ein erstklassiger Schuldner gegenüber. Für den Exporteur entfällt somit die Prüfung der Zahlungsfähigkeit seines Kunden. Der Importeur erhält aus der Verzögerung der Zahlung bis zur Fälligkeit einen Vorteil.

• *Forfaitierung*

Bei dieser Form der kurzfristigen (vereinzelt mittel- und langfristigen) Außenfinanzierung *verkauft der Gläubiger* bei Vorliegen guter Sicherheiten (z. B. Wechsel, Akkreditiv, Bankgarantie, Ausfuhrgarantie oder Ausfuhrbürgschaft des Bundes) an ein spezialisiertes Finanzierungsinstitut *offenstehende Forderungen oder Wechsel* aus Exportgeschäften. Im Gegensatz zum Factoring kann der Gläubiger einzelne Forderungen veräußern, wodurch Service- und Dienstleistungen des ankaufenden Finanzierungsinstituts keine Bedeutung haben. Da der Forderungsverkäufer sich bei dem Verkauf von jeglichem Kreditrisiko durch Forderungsausfall gegenüber dem Forderungsschuldner befreit, besteht für den Forderungskäufer keine Rückgriffsmöglichkeit. Mit der teuren Forfaitierung verbessert der Exporteur seine Liquidität, indem ausstehende Forderungen in Geldmittel umgewandelt werden. Darüber hinaus befreit er sich vom bestehenden Kreditrisiko gegenüber dem Schuldner und entlastet seine Bilanz von langfristigen Forderungen.

• *Anzahlungsfinanzierung*

Vor der Lieferung von Anlagen oder Erzeugnissen erfolgt an den Auftragnehmer eine oder mehrere *Vorauszahlungen* durch den Auftraggeber (Abnehmer). Vom Wesen her ist die kurz- bis mittelfristige Anzahlungsfinanzierung (auch Kundenkredit, Abnehmerkredit, Kundenanzahlung, Vorauszahlungskredit) keine Kreditfinanzierung, sondern stellt eine *Abschlagszahlung* auf das Gesamtentgelt für die zu erstellende Leistung dar. Im Industrieanlagenbau (Großanlagenbau, Großmaschinenbau), Wohnungsbau und Schiffsbau erfolgt üblicherweise die Anzahlungsfinanzierung. Aber auch kleine und mittlere Unternehmen mit geringerer Kapitalausstattung fordern von ihren Kunden eine Anzahlungsfinanzierung, insbesondere wenn zwischen Planung und Fertigstellung eines Auftrages ein Zeitraum von mehreren Jahren liegt. Die Zahlungen sind abhängig vom *Herstellungsfortschritt* und sind zu bestimmten vertraglich vereinbarten Zeitpunkten vom Auftraggeber zu leisten. Im Wohnungsbau wird beispielsweise als Anzahlung jeweils ein Drittel des Kaufpreises bei Vertragsschluss, Fertigstellung des Rohbaus und Gesamtfertigstellung geleistet, im Maschinenbau je ein Drittel bei Auftragserteilung, Lieferung und Zielvereinbarung. Von besonderem Einfluss auf die Gestaltung der Anzahlungsfinanzierung ist die *Stärke der Marktstellung* der beteiligten Unternehmen. Je nach Ausgestaltung der Anzahlungen fließen dem Auftragnehmer zum einen Teil Mittel zu, die er bereits vorfinanziert hat und in die Herstellung eingeflossen sind. Zum anderen Teil erhält er Mittel, die noch nicht für den Herstellungsprozess verwendet worden sind. Bei der Finanzierung durch Kundenanzahlung sollte auf das Verhältnis zwischen Finanzierungsvorleistungen des Auftragnehmers und Auftragsleistung des Auftraggebers geachtet werden. Insbesondere anfänglich hoher Finanzierungsbedarf sollte vom Auftraggeber angezahlt werden, um – ähnlich des Sachverhalts der rollierenden ersten Zahlungsschuld beim Lieferantenkredit – die Liquidität des Auftragnehmers zu sichern und mögliche Finanzierungskosten zu minimieren. Die Anzahlungsfinanzierung stellt für den Auftragnehmer einen gewissen *Schutz* gegen zukünftige zum Zeitpunkt der Fertigstellung drohende *Zahlungsunfähigkeit* (Insolvenz) dar. Weiterhin sichert die Anzahlungsfinanzierung in einem gewissen Maß die Abnahme der meist speziell für den Auftraggeber hergestellten Erzeugnisse oder Anlagen. Für der Auftragnehmer entstehen lediglich Kosten in der Form kalkulierbarer Zinsen.

Kommt der Auftragnehmer seinen Verpflichtungen entsprechend den Vertragsvereinbarungen zeitlich oder sachlich nicht oder nicht ausreichend nach, so kann der Auftraggeber seine geleisteten Anzahlungen zurückfordern. Die Sicherung dieses Risikos für den Auftraggeber erfolgt über die Anzahlungsgarantie einer Bank. Weiterhin werden Bankbürgschaften oder Vereinbarungen zu Konventionalstrafen eingesetzt.

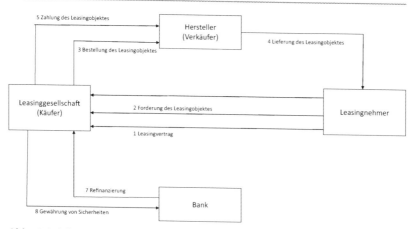

Abb. 4.6 Schema einer Leasingfinanzierung über eine Leasingfirma. (Quelle: eigene Darstellung)

- *Leasingfinanzierung*

Mit der Nutzung von Fremdeigentum gegen Entgelt bietet das Leasing als Sonderform der Fremdfinanzierung eine *Alternative zu gängigen Instrumenten* der Finanzierung. Abbildung 4.6 zeigt die Zusammenhänge.

Durch Vertrag wird die zweckgebundene Überlassung von körperlichen, nicht verbrauchbaren Gegenständen (*Leasingobjekt*) für eine bestimmte Zeit vereinbart. Für die Vermietung der Wirtschaftsgüter des Vermieters (*Leasinggeber*) zahlt der Mieter (*Leasingnehmer*) eine Miete (*Leasingzahlung*). Zwischen Leasingnehmer und Hersteller kann eine Leasinggesellschaft geschaltet werden.

Die *Abgrenzung zu anderen Vertragsformen* (Miete, Pacht) liegt in der Nutzungsüberlassung ohne Vertragskündigung innerhalb einer bestimmten Grundmietzeit. Darüber hinaus decken in der Regel die Leasingraten die Gesamtkosten des Leasinggebers. Der Leasingnehmer übernimmt die Risiken eines zufälligen Untergangs. Weiterhin räumt der Leasinggeber verschiedene Optionsrechte ein. Der Leasingvertrag ist im Bürgerlichen Gesetzbuch (BGB) nicht als eigenständiger Vertragstyp zu finden, wird jedoch in der Regel als modifizierter Mietvertrag betrachtet, für den die Regelungen des Mietrechts gelten.

Abbildung 4.7 zeigt einen Vergleich zwischen Barkauf, Kreditkauf und Leasing einer Investition. Dabei zeigen die Kurven charakteristische Verläufe, die abhängig von den Zahlenwerten lediglich verschieden stark ausgeprägt sind. Es ist aus diesem Beispiel zu erkennen, daß der Barkauf in den ersten drei Jahren stark belastet. Nach etwa dreieinhalb Jahren ist der Barkauf besser als Leasing und nach etwa sechs Jahren besser als die Kreditfinanzierung. Werden diese drei Finanzierungs-

Anschaffungswert in €	1 000 000
Nutzungsdauer in Jahren	8
Jahreseinnahmen in €	200 000

Werte zum Kreditkauf	
Kreditbedarf in €	1 000 000
Kreditdauer in Jahren	8
Kreditzinsen in %	7,0
Kredittilgung in Jahren	8

Werte zum Leasing	
Grundmietzeit in Jahren	5
Abschlußgebühr in %	10,0
Montasleasingraten in %	2,0
Verlängerungsmiete pro Jahr in €	20 000

kumulierte Überschüsse — 1000000, 500000, 0, −500000, −1000000; a Barkauf, b Kreditkauf, c Leasing

Ausgaben		Anfang	1. Jahr	2. Jahr	3. Jahr	4. Jahr	5. Jahr	6. Jahr	7. Jahr	8. Jahr	Summe
Barverkauf		1 000 000	0	0	0	0	0	0	0	0	1 000 000
Kreditkauf	Zins	0	70 000	61 250	52 500	43 750	36 000	26 250	17 500	8 750	315 000
	Tilgung	0	125 000	125 000	125 000	125 000	125 000	125 000	125 000	125 000	1 000 000
	Summe	0	195 000	186 250	177 500	168 750	160 000	151 250	142 500	133 750	1 315 000
Leasing	Abschlußgebühr	0	100 000	0	0	0	0	0	0	0	100 000
	Leasingrate	0	240 000	240 000	240 000	240 000	240 000	0	0	0	1 200 000
	Verläng.-miete	0	0	0	0	0	0	20 000	20 000	20 000	60 000
	Summe	0	340 000	240 000	240 000	240 000	240 000	20 000	20 000	20 000	1 600 000
Einnahmen		0	200 000	200 000	200 000	200 000	200 000	200 000	200 000	200 000	1 600 000
Überschüsse kumuliert											
Barkauf		−1 000 000	−800 000	−600 000	−400 000	−200 000	0	200 000	400 000	600 000	
Kreditkauf		0	5 000	18 750	41 250	72 500	112 250	161 250	218 750	285 000	
Leasing		0	−140 000	−180 000	−220 000	−260 000	−300 000	−120 000	60 000	240 000	

Abb. 4.7 Vergleich zwischen Barkauf, Kreditkauf und Leasing. (Quelle: eigene Darstellung)

formen lediglich nach ihren Überschüssen bewertet, dann ist Leasing immer die schlechteste Möglichkeit. Die Vorteile liegen hierbei vor allem im steuerlichen Bereich und in der Liquiditätserhöhung.

- *Mobilität der Leasingobjekte*

Abbildung 4.8 zeigt eine Gliederung der Leasingarten nach dem Grad ihrer Mobilität.

Mit dem *Immobilienleasing* (Anlagenleasing) werden unbewegliche Sachen (z. B. Verwaltungsgebäude, Produktionsgebäude, Garagen oder Supermärkte) mit einer Laufzeit von bis zu 30 Jahren geleast. Um *Plantleasing* handelt es sich, wenn *komplette Industrieanlagen* mit komplexen Produktionsanlagen und beweglichen Objekten geleast werden.

Mit dem *Mobilienleasing* (Equipmentleasing) werden Ausrüstungsgegenstände mit einer kurzen bis mittleren Laufzeit von mehreren Jahren geleast (z. B. Produktionsmaschinen, Werkzeugmaschinen, Baumaschinen, Fuhrpark, Fahrzeuge, Büromaschinen, Datenverarbeitungsanlagen oder Büromöbel).

Auch auf die Überlassung von Arbeitnehmerkräften zur Abdeckung von personellen Spitzenauslastungen können Formen des Leasings angewendet werden. Die Vermittlungsunternehmen von Arbeitskräften sind meist auf *Personalleasing* spezialisiert und sind überwiegend in der Bauwirtschaft und im Maschinenbau tätig.

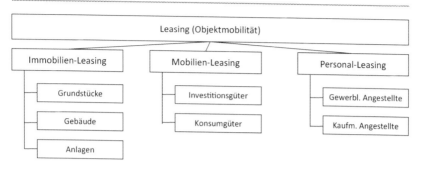

Abb. 4.8 Gliederung der Leasingobjekte nach ihrer Mobilität. (Quelle: eigene Darstellung)

• *Leasingnehmer*
Mit den höchsten Zuwächsen ist das Leasing bei *Wirtschaftsunternehmen* am verbreitetsten. Neben privatwirtschaftlichen Unternehmen und privaten Haushalten nehmen auch öffentliche Institutionen Leasing (z. B. Krankenhäuser oder Schulgebäude) als Finanzierungsalternative in Anspruch. Für die private Mietfinanzierung wird den Privathaushalten das *Konsumgüterleasing* angeboten. Nach Ablauf der Mietzeit erwirbt der Leasingnehmer das Eigentum an der Mietsache. Häufig erfolgt eine Anbindung an Serviceleistungen durch den Leasinggeber (z. B. Wartung und Instandhaltung bei PKW, Fernseher oder Waschmaschinen).

• *Leasinggeber*
Treten zwischen dem Hersteller und dem Leasingnehmer keine weitere Beteiligte auf, so handelt es sich um *Herstellerleasing* (Directleasing, Direktes Leasing). Schließt der Leasingnehmer den Leasingvertrag nicht mit dem Hersteller des Leasingobjekts, sondern mit einer auf Leasing spezialisierte Gesellschaft als Leasinggeber, liegt ein *Finanzierungsleasing* (indirektes Leasing) vor. Die Leasinggesellschaft kauft vom Hersteller das Leasingobjekt und least es an Leasingnehmer. Im Regelfall übernimmt der Leasinggeber die mit der Funktion des Eigentümers an den Wirtschaftsgüter verbundenen Aufgaben. Er *aktiviert* die Wirtschaftsgüter als Vermögensgegenstand in seiner Bilanz. Anstelle des Leasinggebers kann auch der Leasingnehmer der wirtschaftliche Eigentümer sein und somit die Leasingobjekte steuerlich abschreiben.

• *Vorteile und Nachteile einer Leasingfinanzierung*
Die wesentlichen *Vorteile einer Leasingfinanzierung für den Leasingnehmer* liegt in der *Entlastung der Eigenkapitalbasis* des Unternehmens. Diese Form der kapitalsubstitutiven Finanzierung erspart den Einsatz eigener Kapitalmittel, die somit

anderweitig zur Verfügung stehen. Durch Leasing freigesetzte liquide Mittel können für andere Investitionsvorhaben reserviert werden. Bei einem drohenden oder bereits vorhandenem Liquiditätsengpass *stabilisiert* Leasing die *Liquiditätssituation.* Die regelmäßigen Leasingzahlungen sind kalkulierbar und planbar. Zur Anpassung an betriebliche Erfordernisse bietet sich die Modifizierung der Leasingzeit an. Insgesamt kann das Unternehmen *schneller und flexibler* an den *technischen Fortschritt angepasst* werden. Gleichzeitig *verringern* sich die *Investitionsrisiken.* Leasing vermeidet die Bindung von Mittel im Vermögen des Unternehmen, indem in der Regel *keine Bilanzaktivierung* durch den Leasingnehmer erfolgt. Die Leasingzahlungen werden als Aufwendungen in der Gewinn- und Verlustrechnung angesetzt. Bei Integration des Leasings in den absatzpolitischen Marketingmix des Herstellers wird meist auf Kreditwürdigkeitsprüfungen verzichtet. Basierend auf nicht eintretendem Eigenkapitalabfluss, *entlastet Leasing anfänglich* die Liquidität um bis zu 30 % des Investitionsvolumens im Vergleich zu üblichen Investitionsfinanzierungen. Darüber hinaus liegen *anfänglich die Leasingraten* meist unter den *Raten üblicher Investitionsfinanzierungen.*

Neben den Vorteilen sind auch *Nachteile für den Leasingnehmer* mit einer Leasingfinanzierung verbunden. Die *Gesamtsumme der Leasingzahlungen* liegt mit bis zu *130 %* weit über dem Gesamtwert der Neuanlage. Ursächlich hierfür sind die hohen Leasingaufwendungen. Die Leasinganbieter können sich ebenfalls an entsprechenden, leasingspezifischen Finanzierungsregeln orientieren, die für das Unternehmen unter Umständen eine Alternativfinanzierung durch Leasing nicht zulassen. Leasinggesellschaften verzichten meist nicht auf Kreditwürdigkeitsprüfungen. Die anfänglich relativ geringe *Liquiditätsbelastung nimmt* mit fortschreitender Leasingzeit *zu.*

• *Checkliste zum Kauf oder Leasing*
Immer kürzere Innovationszyklen führen in Verbindung mit steigenden Investitionsvolumina zu starken finanziellen Belastungen für das Unternehmen. Leasing als Instrument der Unternehmens- und Finanzplanung bietet hierbei neue Möglichkeiten zur Verringerung der Belastungen. Zur optimalen Nutzung der Finanzmittel des Unternehmens sollten vor jeder Entscheidung die wichtigsten Einflussfaktoren der Kauf- und Leasingfinanzierung eingehend überprüft werden und kritisch miteinander verglichen werden (Tab. 4.3). Dabei sind Kosten und Nutzen der Finanzierungsalternativen gegenüberzustellen und durch Liquiditäts- und Rentabilitätsberechnungen zu belegen.

Tab. 4.3 Checkliste für die Entscheidung für Kauf oder Leasing. (Quelle: eigene Darstellung)

Kauf	Leasing
Anschaffungskosten	Dauer der Grundmietzeit
Technische und wirtschaftliche Nutzungsdauer	Höhe und Anzahl der Leasingzahlungen
Eigen- und Fremdfinanzierungskosten	Verlängerung und Kosten der Grundmietzeit
Restwerte	Verwertungsmöglichkeiten
Verfahren und Höhe der Abschreibung	Wartungs- und Servicekosten
Gegenwärtige und zukünftige Steuerbelastung	Gegenwärtige und zukünftige Steuerbelastung
Kapitalrendite	Kapitalrendite
Zahlungstermine	Zahlungstermine

- *Franchisefinanzierung*

Die Franchisefinanzierung als Sonderform der langfristigen Fremdfinanzierung besteht aus einem befristeten, lizenzähnlichen und für alle Franchiseunternehmen einheitlichen *Kooperationsvertrag* zwischen dem Franchisenehmer (*Franchisees*) und dem Franchisegeber (*Franchisor*). Gegenstand des Vertrages ist die Nutzung von Geschäftsformen, Marken, Warenzeichen, Schutzrechten, Ausstattungen, Vertriebs- und Absatzmethoden sowie Erfahrungen des Franchisegebers durch den Franchisenehmer, der seinerseits eine *rechtlich selbständige Führung* des Franchiseunternehmens betreibt.

Für die Nutzung leistet der Franchisenehmer eine *einmalige Gebühr* und einen *regelmäßigen Umsatzanteil* (1 bis 3 %). Der Franchisenehmer trägt teilweise oder vollständig die Investitionskosten. Als finanzielle Unterstützung unterhält der Franchisegeber beim Franchisenehmer ständig ein Auslieferungslager. Der Franchisenehmer nutzt damit das Know-how, die Erfahrungen über die Produkte und die Dienstleistungen des Franchisegebers. Weiterhin profitiert er von den Absatzwegen und Vertriebsorganisationen sowie vom einheitlichen Erscheinungsbild aller Franchiseunternehmen. Im Gegenzug zeigt sich der Franchisenehmer für den Erfolg verantwortlich und übernimmt somit das Geschäftsrisiko. Der Franchisegeber erhält umfassende Informationsrechte, sowie Kontroll- und Weisungsbefugnisse. Bei geringem oder knappen eigenen Ressourceneinsatz (z. B. Finanzmittel, Personal oder Zeit) kann der Franchisegeber rasch sein eigenes Vertriebsnetz aufbauen und ausbauen. Gegenüber dem Franchisenehmer tritt der Franchisegeber auch in einer Beratungsfunktion auf und bietet vielfältige Hilfen und Unterstützungen an. Im *Dienstleistungssektor* sind Franchisesysteme am häufigsten verbreitet, beispielsweise bei Schnellimbiss- und Restaurantketten, bei Mode- und Kosmetikboutiquen, bei Autovermietungen, bei Kaffeeherstellern, bei Reparatur- und Heimdiensten und bei Privat(nachhilfe)schulen.

4.2 Innenfinanzierung

Neben der externen Zuführung von Finanzmitteln kann das Unternehmen auch eine interne Finanzierung vornehmen (Abb. 4.9).

Der Unterschied zur Außenfinanzierung liegt darin begründet, dass *Eigenkapital* nicht von außen, sondern *vom Unternehmen selbst* aus eigener Kraft aufgebracht wird. Die wesentliche Voraussetzung für die Innenfinanzierung durch Gewinnansammlung (*Gewinnthesaurierung*) liegt in der Erzielung eines *entsprechenden Überschusses* aus dem Umsatzprozess des Geschäftsjahrs. Auch durch (*überhöhte*) *Abschreibungen* können sich im Unternehmen Finanzierungsreserven bilden. Aus den *langfristigen Rückstellungen* (z. B. für Pensionen) entstehen beachtliche Finanzierungspotenziale. Mit dem *Verkauf von Produktionsanlagen* und Betriebsmittel fließen gebundene Mittel als Desinvestitionserlös zurück. Auch aus *Produktivitätssteigerungen* durch Rationalisierungen können Finanzierungen vorgenommen werden. Verbleiben die Mittel befristet oder unbefristet im Unternehmen, so liegt eine Innen- oder Selbstfinanzierung vor. Eine *Cash-Flow-Finanzierung* bedeutet die Summe aus Gewinnthesaurierung, Abschreibungsfinanzierung und Rückstellungsfinanzierung (langfristige Rückstellungen).

4.2.1 Gewinnthesaurierung

Angesammelte Gewinne fließen dem Beteiligungskapital als *Eigenkapital* zu. Die Finanzierung aus einbehaltenen und versteuerten Gewinnen – meist als Selbstfinanzierung bezeichnet – unterteilt sich in die *offene* und *stille Selbstfinanzierung.*

- *Offene Selbstfinanzierung*
Für die Bildung einer offenen Selbstfinanzierung muss das Unternehmen nach Abzug der Aufwendungen und Steuern sowie unter Berücksichtigung von Bewertungsmöglichkeiten einen respektablen, versteuerten Gewinn erwirtschaften.

Neben der kurzfristigen Einstellung von Gewinnen in die Gewinnrücklage der Gesellschaft, schafft die Selbstfinanzierung durch Einbehaltung von Gewinnen in offene Rücklagen zusätzliches, langfristiges Eigenkapital ohne Zinsaufwendungen und Kapitalbeschaffungskosten.

Abb. 4.9 Übersicht über Instrumente der Innenfinanzierung. (Quelle: eigene Darstellung)

- *Stille Selbstfinanzierung*

Durch die Bildung stiller Reserven entstehen bei einer stillen Selbstfinanzierung Rücklagen unterschiedlicher Fristigkeiten. Der Betrag einer stillen Reserve ist der Unterschied zwischen dem Buchwert und dem wirklichen, höheren Marktwert eines Aktivpostens bzw. dem wirklichen, niedrigeren Marktwert eines Passivpostens. Im Rahmen der Ausnutzung legaler steuer- und handelsrechtlicher Bewertungsmaßnahmen werden unversteuerte Gewinne nicht ausgewiesen und einbehalten. Dabei erfolgt innerhalb der Bilanz eine *Unterbewertung von Aktivposten* oder eine *Überbewertung von Passivposten*. Die gebildeten stillen Reserven sind in der Bilanz nicht erkennbar und stehen der Unternehmung bis zur (unfreiwilligen) Auflösung zur Verfügung. Durch eine gewährte Steuerstundung gewährt das Finanzamt dem Unternehmen einen zinslosen Kredit und verbessert seine Liquiditätslage. Im Prinzip verschiebt die Bildung stiller Reserven die *Ausweisung von Gewinnen in die Zukunft*. Diese Reservenbildung bietet dem Unternehmen die Möglichkeit zur *Verschleierung der tatsächlichen Gewinnsituation* oder zur Glättung von starken Gewinnschwankungen, indem in gewinnstarken Unternehmensphasen stille Reserven gebildet werden, um sie in gewinnschwachen oder verlustreichen Unternehmensphasen auflösen zu können.

Im Gegensatz zu Kapitalgesellschaften können Einzelunternehmen und Personengesellschaften die Möglichkeiten der Kapitalmärkte zur Kapitalmittelbeschaffung nicht in entsprechendem Umfang nutzen. Somit ist für diese Gesellschaften die Selbstfinanzierung von erheblicher Bedeutung. Aber unter den steuerlichen Aspekten und der bilanzpolitischen Gewinnausweisung kann die Selbstfinanzierung für Kapitalgesellschaften attraktiv sein. In Tab. 4.4 sind die Vor- und Nachteile der Selbstfinanzierung zusammengestellt.

Tab. 4.4 Vor- und Nachteile der Selbstfinanzierung. (Quelle: eigene Darstellung)

Vorteile der Selbstfinanzierung	Nachteile der Selbstfinanzierung
Kostengünstige Beschaffung und Verwendung von Finanzmitteln	Fehlinvestition wegen subjektiver Betrachtung
Zinsvorteil aus Steuerstundung	Nachversteuerung bei Aufdeckung der stillen Reserven
Erhöhung der Bonität	Befristung durch zukünftige Aufdeckung stiller Reserven
Keine Vorschriften zur Finanzmittelverwendung	Höherer Gewinnausweis kann Gesellschafteransprüche steigern
Keine Verpflichtung zur Rückzahlung	Keine kritische Beratung durch Dritte (z. B. Banken)
Verbesserung der Eigenkapitaldecke	Verschleierung der Gewinnsituation gegenüber Gläubigern und Öffentlichkeit
Sicherheiten nicht notwendig	Verschleierung der Rentabilität wegen verschleierter Gewinne
Keine Beeinflussung durch Mitspracherechte Dritter	Veränderung von Kursen wegen falscher Unternehmensdarstellung
Keine gravierenden Anteilsverschiebungen	Höherer Gewinnausweis bei Aufdeckung kann Gesellschafteransprüche steigern

4.2.2 Rückstellungsfinanzierung

Rückstellungen dürfen für zu *erwartende*, aber *ungewisse Ansprüche* gebildet werden. Die Rückstellungen stehen dem Unternehmen als Fremdkapitalmittel solange zur Verfügung, bis sie aufgelöst werden, d. h. für den Zweck ihrer Bildung verwendet werden. Neben der langfristigen Rückstellungsfinanzierung stehen die kurz- und mittelfristige Finanzierung durch Rückstellungen eher im Hintergrund (Tab. 4.5).

Besonders für größere Unternehmen sind *Pensionsrückstellungen* auf der Basis der betrieblichen Altersversorgung von großer Bedeutung. Das Unternehmen vereinbart mit den Mitarbeitern eine Zusage zur Zahlung einer Pension bei Beendigung des Arbeitsverhältnisse. Gegen diese Ansprüche darf das Unternehmen die Pensionsrückstellungen bilden. Unter bestimmten Voraussetzungen (Rechtsanspruch des Berechtigten, Schriftform der Pensionszusage, Mindestalter des Berechtigten 30 Jahre, Einschränkung der Widerrufung der Zusage durch Unternehmen) werden Pensionsrückstellungen steuerlich anerkannt und mindern dadurch die Belastung aus der Unternehmensertragssteuer. In Tab. 4.6 sind die Vor- und Nachteile von Pensionsrückstellungen zusammengestellt.

Tab. 4.5 Pensionsrückstellungen nach ihrer Fristigkeit. (Quelle: eigene Darstellung)

Pensionsrückstellungen		
Kurzfristig	Mittelfristig	Langfristig
Steuern	Prozesskosten	Pensionen
Kosten der Abschlussprüfung	Garantieleistungen	Steuern
Kosten der Hauptversammlung	Drohende Verluste aus schwebenden Geschäften	Prozesskosten
Bürgschaftsverluste		Garantieleistungen
Unterlassene Aufwendungen für Instandhaltung		
Provisionen		
Gratifikationen		
Gewinnbeteiligungen		
Rabatte		

Tab. 4.6 Vor- und Nachteile einer Finanzierung durch Pensionsrückstellungen. (Quelle: eigene Darstellung)

Vorteile einer Pensionsrückstellung	Nachteile einer Pensionsrückstellung
Aufbau eines festen Potenzials an Finanzmitteln	Risiken bei Veränderung der Altersstruktur in der Belegschaft
Verringerung der Steuerbelastung	Hohe Zahl an Leistungsfällen (bzw. Todesfälle der Berechtigten)
Zufluss von Fremdkapital ohne Beeinflussung des Unternehmens	Ungünstige Ertragsaussichten erschweren Leistungszahlungen
Bindung der Mitarbeiter an das Unternehmen	Auflösung von Rückstellungen führt zu höheren Steuerbelastungen

4.2.3 Abschreibungsfinanzierung

Bei Gegenständen treten Wertminderungen durch technische Abnutzung und wirtschaftliche Entwertung auf. Die Ursachen hierfür sind unter anderem technischer Verschleiß, Entwertung durch technischen Fortschritt, Bedarfsverschiebungen oder Preisänderungen. Die Aufwendungen für diesen Werteverzehr bei Anlagen und Betriebsmitteln während einer bestimmten Periode sind die *Abschreibungen*.

In der Höhe der Verringerung des bilanziellen Vermögenswertes werden Abschreibungen als *Aufwand* in der Gewinn- und Verlustrechnung gebucht. Abschreibungen auf Anlagevermögen bewirken dadurch eine *verbesserte Darstellung* der tatsächlichen Vermögenslage und Erfolgssituation. In dem die Abschreibung

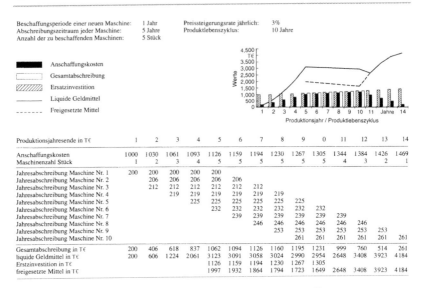

Beschaffungsperiode einer neuen Maschine:	1 Jahr	Preissteigerungsrate jährlich:	3%
Abschreibungszeitraum jeder Maschine:	5 Jahre	Produktlebenszyklus:	10 Jahre
Anzahl der zu beschaffenden Maschinen:	5 Stück		

Anschaffungskosten
Gesamtabschreibung
Ersatzinvestition
Liquide Geldmittel
Freigesetzte Mittel

Produktionsjahr / Produktlebenszyklus

Produktionsjahresende in T€	1	2	3	4	5	6	7	8	9	0	11	12	13	14
Anschaffungskosten	1000	1030	1061	1093	1126	1159	1194	1230	1267	1305	1344	1384	1426	1469
Maschinenzahl Stück	1	2	3	4	5	5	5	5	5	5	4	3	2	1
Jahresabschreibung Maschine Nr. 1	200	200	200	200	200									
Jahresabschreibung Maschine Nr. 2		206	206	206	206	206								
Jahresabschreibung Maschine Nr. 3			212	212	212	212	212							
Jahresabschreibung Maschine Nr. 4				219	219	219	219	219	219					
Jahresabschreibung Maschine Nr. 5					225	225	225	225	225	225				
Jahresabschreibung Maschine Nr. 6						232	232	232	232	232	232			
Jahresabschreibung Maschine Nr. 7							239	239	239	239	239	239		
Jahresabschreibung Maschine Nr. 8								246	246	246	246	246	246	
Jahresabschreibung Maschine Nr. 9									253	253	253	253	253	253
Jahresabschreibung Maschine Nr. 10										261	261	261	261	261
Gesamtabschreibung in T€	200	406	618	837	1062	1094	1126	1160	1195	1231	999	760	514	261
liquide Geldmittel in T€	200	606	1224	2061	3123	3091	3058	3024	2990	2954	2648	3408	3923	4184
Erstinvestition in T€					1126	1159	1194	1230	1267	1305				
freigesetzte Mittel in T€					1997	1932	1864	1794	1723	1649	2648	3408	3923	4184

Abb. 4.10 Finanzierung aus Abschreibungen. (Quelle: eigene Darstellung)

bilanziell angesetzt wird, mindert sich der Erfolg in der Periode, ohne dass die Gewinnanteile ausgeschüttet oder besteuert werden. Zeitlich verzögert *fließen die* verbuchten und in der Preiskalkulation berücksichtigten *Abschreibungen* dem Unternehmen über *Umsatzerlöse wieder zurück*. Die Abschreibungen müssen mit dem Verkauf der Erzeugnisse am Markt verdient werden. Der Effekt der *Kapitalfreisetzung* erlaubt dem Unternehmen gegen Ende des Abschreibungszeitraums, aus der Summe der zurückgeflossenen Abschreibungsgegenwerte Investitionen für die dann abgenutzten Anlagen vorzunehmen. Durch die Ansammlung der Finanzmittel bis zum Zeitpunkt der Ersatzinvestition verfügt das Unternehmen über liquide Mittel, die in weitere Ersatzanlagen investiert werden, ohne Einsatz von Eigenkapital oder Fremdkapital. Mit der Finanzierung aus Abschreibungsgegenwerten sichert das Unternehmen seine Leistungsbereitschaft. Investiert das Unternehmen sofort nach dem Mittelzufluss der Abschreibungsgegenwerte, kann dies eine *Kapazitätserweiterung* bis zur Verdopplung der anfänglichen Kapazitäten bewirken. Abbildung 4.10 zeigt ein Beispiel. In den ersten fünf Jahren soll jährlich eine neue Maschine beschafft werden. Jede Maschine wird für fünf Jahren zur Produktion eingesetzt und für diesen Zeitraum auch linear abgeschrieben. Mit jeder Verschrottung einer verbrauchten Maschine soll eine neue Maschine beschafft werden. Für die Gesamtproduktion sollen nach dem Kapazitätsaufbau in den ersten fünf Jahren ständig fünf Maschinen im Einsatz sein. Für den gesamten zehnjährigen Produktlebenszyklus dürfen maximal zehn Maschinen verbraucht werden. Aus den Abschreibungsgegenwerten werden somit ab dem fünften Jahr die neuen Maschinen finanziert. Für die Maschinen sind steigende Beschaffungspreise unterstellt. Nach dem zehnten Jahr soll die Produktion stufenweise eingestellt werden. Die Darstellung zeigt, dass trotz einer angenommenen Preissteigerungsrate von jährlich 3 % alle Maschinen ohne Eigen- oder Fremdkapitalzufluss aus den (am Markt verdienten) Abschreibungsgegenwerten vollkommen finanziert werden und gegen Ende des Produktlebenszyklus beachtliche Liquiditätsüberschüsse entstehen, die für Investitionen in Produktionsmaschinen eines Neuprodukts einsetzbar sind.

4.2.4 Rationalisierungsfinanzierung

Rationalisierungen *verbessern* oder *modernisieren* die betrieblichen Produktionsanlagen mit dem Ziel der *Erhöhung der Wirtschaftlichkeit* im Leistungserstellungsprozess durch Kostensenkungsmaßnahmen. Mit geringerem Kapitalmitteleinsatz kann das gleiche oder höhere Produktions- und Umsatzvolumen erreicht werden. Dadurch setzen die Rationalisierungen Finanzmittel frei, die somit eingespart oder für andere Investitionen einsetzbar sind. Rationalisierungs-Maßnahmen sind an jeder Stelle im Leistungserstellungsprozess einer Unternehmung möglich, beispielsweise durch:

- Verringerung der Lagerbestände durch optimierte Einkaufsdisposition,
- Senkung der Lagerdauer,
- Anpassung des Produktprogramms an Markterfordernisse,
- Beschleunigung des Produktionsprozesses,
- Erhöhung des Anteils von Normteilen, Halb- und Fertigprodukten,
- Beschleunigung des Umsatzprozesses,
- Verminderung von Zahlungszielen,
- Verbesserung der Zahlungsüberwachung,
- Verringerung der Fertigungstiefe durch Fremdfertigung (make-or-buy) und
- Ausgliederung (outsourcing) bestimmter Funktionen wie Werbung, Marktforschung, Mahnwesen, Inkassowesen, Lohnbuchhaltung oder Datenverarbeitung.

4.2.5 Desinvestitionsfinanzierung

Mit der Freisetzung des in Investitionen gebundenen Kapitals, erzielt das Unternehmen Einnahmen über den Verkauf von Maschinen, Produkten und Waren. Die

Rückgewinnung der Kapitalwerte als Umkehrung der Investition kann für alle Vermögensgegenstände (z. B. Grundstücke, Gebäude, Anlagen, Maschinen, Roh-, Hilfs- und Betriebsstoffe) und auch für Vermögenswerte (z. B. Rechte, Beteiligungen, Verkaufsgebiete) der Aktiva vorgenommen werden.

Finanzanalyse

Eine Finanzanalyse zeigt die *Strukturen* und *Proportionen* der *gesamten Finanzverfassung* eines Unternehmens in ihren zeitlichen Veränderungen. Externe Interessenten (z. B. Gläubiger, Banken) erwarten meist Einblicke in die Bilanz oder mindestens die Vorlage ausführlicher Finanzanalysen des Unternehmens oder erstellen diese selbst, soweit ihnen Daten zugänglich sind. Mit der Finanzanalyse werden Daten zur finanziellen Situation der Unternehmung gesammelt, aufbereitet, strukturiert, dargestellt und bewertet. Aus der Finanzanalyse lassen sich Aussagen zur Liquidität, Rentabilität und Sicherheit des Unternehmens treffen. Zusammen mit den absoluten Werten der einzelnen Bilanzposten und den Kennzahlen der Finanzanalyse vermittelt die Finanzanalyse ein umfassendes Finanzprofil. Im direkten Vergleich mit anderen Unternehmen der Branche oder insgesamt anderen Branchen ergeben Finanzanalysen wertvolle Hinweise. Die Finanzanalyse legt somit die Basis für eine laufende Unternehmenskontrolle und unterstützt damit die gegenwärtige Unternehmenssteuerung und zukünftige Unternehmensplanung.

5.1 Horizontale Finanzstrukturkennzahlen und Finanzierungsregeln

Neben den vertikalen Finanzstrukturkennzahlen können insbesondere die *horizontalen Finanzstrukturkennzahlen* Aussagen zur *Sicherung* des weiteren Unternehmensfortbestandes leisten, da hierbei die Betrachtungen zur *Unternehmensliquidität* im Vordergrund stehen. Dabei werden gegenseitige, zeitliche Beziehung zwischen den *Bilanzposten der Aktivseite und Passivseite* (s. Springer Essential:

© Springer Fachmedien Wiesbaden 2015
E. Hering, *Finanzierung für Ingenieure,* essentials,
DOI 10.1007/978-3-658-08157-7_5

„Gewinn- und Verlustrechnung (GuV) und Bilanz für Ingenieure") berücksichtigt. Den Ansatz hierfür bilden die klassischen Finanzierungsregeln.

- **Goldene Bilanzregel**
  Die ursprünglich für Banken entwickelte *goldene Bilanzregel* (goldene Bankregel) verfolgt das Prinzip der *Fristenkongruenz*. Das bedeutet die Deckung der langfristig gebundenen Anlagegüter durch langfristiges Kapital, meist Eigenkapital. Das *Umlaufvermögen* soll durch *kurzfristige Kapitalmittel* gedeckt sein, wobei der *Sicherheitsbestand* (eiserne Bestand) *langfristig finanziert* sein sollte.

  Für Investition und Finanzierung bedeutet dies, dass kurzfristige Investitionen mit kurzfristigen Mitteln und langfristige Investitionen mit langfristigen Mitteln zu finanzieren sind. Grundstücke und Gebäude des Anlagevermögens werden durch (unbefristetes) Beteiligungskapital und übriges Anlagevermögen und Umlaufvermögen durch (befristetes) kurz-, mittel-, langfristiges Kapital aus Krediten finanziert.

  Aus der Praxis entwickelte sich die sogenannte *Bayer-Formel*:

- Die Gesamtverschuldung erreicht maximal das 3,5-fache der durchschnittlichen Unternehmensergebnisse (Brutto-Cash-Flow).
- Das Anlagevermögen wird zu mindestens 70 % durch Beteiligungskapital finanziert.
- Die Rückstellungen und Verbindlichkeiten mit mindestens vierjähriger Laufzeit werden durch Beteiligungskapital oder Forderungen mit ebenfalls vierjähriger Laufzeit gedeckt.

- **Goldene Finanzierungsregel**
  Als Liquiditätsgrundsatz bedeutet die goldene Finanzierungsregel für Wirtschaftsunternehmen, dass *langfristige Investitionen nicht mit kurzfristigen Mitteln finanziert werden sollen.*

- **Two-One-Rule**
  Eine weitere horizontale Finanzierungsregel ist die *Two-One-Rule* (banker's rule, banker's ratio, current ratio) welche besagt, dass zwischen *Umlaufvermögen* und *kurzfristigem Fremdkapital* ein *Verhältnis von 2:1* erreicht werden soll.

- **One-to-One-Rule**
  Die One-to-One-Rule bezeichnet das Verhältnis von 1:1 zwischen *baren Mittelbeständen* mit kurzfristig liquidierbarem Umlaufvermögen und *kurzfristigem Fremdkapital.*

5.2 Vertikale Finanzstrukturkennzahlen

Die vertikalen Finanzstrukturkennzahlen betrachten nur die *Zusammensetzung des Kapitals* und des *Vermögens*, ohne eine gegenseitige Beziehung zu berücksichtigen.

Die *Kennzahlen der Aktiva* einer Bilanz geben Einblicke in die *Vermögensstruktur* und das Investitionsverhalten der Unternehmung, beispielsweise Anlagenintensität, Investitionsquote, Investitionsdeckung, Abschreibungsquote oder Lagerumschlagsdauer.

Die *Kennzahlen der Passiva* verdeutlichen Struktur und Qualität der *Finanzierung* des gesamten Unternehmens, beispielsweise Eigenkapitalquote, Verschuldungsgrad, kurzfristiger Verschuldungsgrad oder langfristiger Verschuldungsgrad.

5.3 Kennzahlensystem zur Finanzanalyse

Auf der Grundlage von Kennzahlen lassen sich Finanzentscheidungen einfacher treffen. Hierzu kommen *Kennzahlen* zur Finanzierung und zur Kapitalstruktur zum Einsatz, mit deren Hilfe die Größenwerte und Fristigkeiten in ihren zeitlichen Veränderungen strukturiert verglichen werden können (Abb. 5.1).

- *Vermögenskonstitution*

Das Verhältnis aus Anlagevermögen und Umlaufvermögen kennzeichnet die Vermögenskonstitution:

$$\text{Vermögenskonstitution} = \frac{\text{Anlagevermögen}}{\text{Umlaufvermögen}} \times 100.$$

- *Anlagenintensität*

Die Kennzahl Anlagenintensität zeigt den Anteil des Anlagevermögens am Gesamtvermögen des Unternehmens:

$$\text{Anlageintensität} = \frac{\text{Anlagevermögen}}{\text{Gesamtvermögen}} \times 100.$$

Die Werte der Anlagenintensität sind von der Branche abhängig, in der das Unternehmen tätig ist. Im Bergbau tätige Unternehmen sind anlageintensiver als andere Unternehmen, die eher umlaufintensiven Charakter haben. Weisen Unternehmen einen hohen Anlagenintensitätswert auf, besteht eine gewisse Trägheitsgefahr,

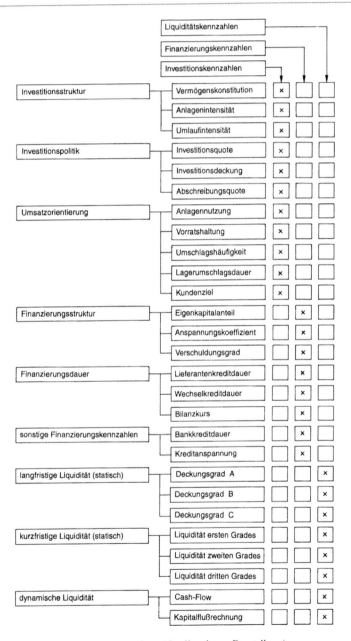

Abb. 5.1 Kennzahlen zur Finanzanalyse. (Quelle: eigene Darstellung)

da sie in wirtschaftlich rezessiven Zeiten die Anpassung ihrer Kapazitäten an die Marktgegebenheiten langsam und nur sehr schwer vornehmen können. Aufgrund einer hohen Anlagenintensität sind auch hohe Betriebsauslastungsgrade notwendig, um die hohen fixen Anlagenkosten zu decken.

• *Umlaufintensität*
Die Umlaufintensitätskennzahl zeigt den Anteil des Umlaufvermögens am Gesamtvermögen des Unternehmens:

$$Umlaufintensität = \frac{Umlaufvermögen}{Gesamtvermögen} \times 100.$$

Hohe Umlaufintensität läßt auf hohe Lagerbestände an Roh-, Halb- und Fertigfabrikaten schließen.

• *Investitionsquote*
Der Anteil der Investitionen am Bestand der Sachanlagen zeigt das Investitionsverhalten des Betriebes. Eine hohe Investitionsquote steht für regen Umfang der Investitionstätigkeit.

$$Investitionsquote = \frac{Nettoinvestitionen\ in\ Sachanlagen}{Jahresanfangsbestand\ der\ Sachanlagen} \times 100.$$

• *Investitionsdeckung*
Der Anteil der Abschreibungen an den Investitionen für Sachanlagen ergibt sich aus der Investitionsdeckung:

$$Investitionsdeckung = \frac{Abschreibungen\ auf\ Sachanlagen}{Bruttoinvestitionen} \times 100.$$

Die Frage, ob Investitionen der vergangenen Periode vollständig aus Abschreibungen finanziert waren, oder ob über diese notwendigen Reinvestitionen hinaus weitere Investitionen für Erweiterungen vorgenommen wurden, beantwortet die Kennzahl Investitionsdeckung. Sie legt offen, inwiefern das Unternehmen tatsächlich gewachsen ist.

• *Abschreibungsquote*
Die Abschreibungsquote gibt den Anteil der Abschreibungen am Bestand der Sachanlagen wieder:

$$Abschreibungsquote = \frac{Abschreibungen \; auf \; Sachanlagen}{Jahresbestand \; an \; Sachanlagen} \times 100.$$

Die Abschreibungsquote gibt Rückschlüsse auf die Gewinnermittlung. So lassen steigende Abschreibungsquote auf die Bildung stiller Reserven schließen und fallende Werte auf die Auflösung zugunsten eines höheren Gewinnausweises andeuten.

• *Anlagennutzung*
Die Anlagennutzung zeigt den Grad der Ausnutzung des vorhandenen Produktionspotentials durch Gegenüberstellung von Umsatzwerten und Sachanlagenwerten:

$$Anlagennutzung = \frac{Umsatz}{Sachanlagen} \times 100.$$

• *Vorratshaltung*
Der Anteil des Vorrates an Materialien zu Umsatzwerten verdeutlicht die Vorratshaltung:

$$Vorratshaltung = \frac{Vorrat}{Umsatz} \times 100.$$

Bei steigenden Umsätzen und gleichbleibenden oder sinkenden Vorräten verbessert sich der Grad der Vorratshaltung und mindert damit die Vorratshaltungskosten. Produktionsbetriebe und Handelsunternehmen können gleichermaßen hohen Materialbedarf und damit unter Umständen eine hohe Vorratshaltung aufweisen. Besonders forderungsintensive Betriebe sind meist Finanzgesellschaften (Banken, Kreditinstitute und Finanzierungsinstitute).

• *Umschlagshäufigkeit*
Die Umschlagshäufigkeit zeigt an, wie oft ein Vermögensposten pro Periode umgeschlagen wurde:

$$Umschlaghäufigkeit \; des \; Gesamtvermögens = \frac{Umsatz}{Gesamtvermögen} \times 100.$$

$$Umschlaghäufigkeit \; des \; Anlagevermögens$$
$$= \frac{Abschreibungen \; des \; Anlagevermögens + Abgänge}{Bestand \; des \; Anlagevermögens \, (durchschnittlich)} \times 100$$

Umschlaghäufigkeit des Umlaufvermögens

$$= \frac{Umsatz}{Bestand \; des \; Umlaufvermögens\,(durchschnittlich)} \times 100.$$

Aus der Umschlagshäufigkeit sind *Vermögensbindungsdauern* zu erkennen, die den jeweiligen Kapitalbedarf signalisieren.

- *Lagerumschlagsdauer*

Die Lagerumschlagsdauer gibt Informationen zur Verweildauer der Vermögenswerte im Unternehmen:

$$Lagerumschlagsdauer = \frac{Durchschnitt \; des \; Jahresbestands}{Wareneinsatz} \times 100.$$

Die Kennzahl gibt an, wie lange Lagerartikel im Unternehmen verbleiben, bevor sie in den Produktionsprozess eingehen, weiterverarbeitet und schließlich als Produkt am Markt verkauft werden. Je kürzer die Lagerumschlagsdauer, um so geringer die Kapitalbindung in Lagervorräte. Eine zu geringe Lagerumschlagsdauer kann zur Verminderung der Betriebsbereitschaft führen.

- *Kundenziel*

Mit der Kundenzielkennzahl kann das *Zahlungsverhalten* den Kunden dargestellt werden und die Zeitdauer festgestellt werden, in der Forderungen als Zahlung eingehen:

$$Kundenziel = \frac{Warenforderungsbestand\,(durchschnitt)}{Umsatz} \times 365.$$

- *Eigenkapitalanteil*

Den *Anteil des Eigenkapitals am Gesamtkapital* zeigt die Kennzahl Eigenkapitalanteil:

$$Eigenkapitalanteil = \frac{Eigenkapital}{Gesamtkapital} \times 100.$$

- *Anspannungskoeffizient*

Den *Anteil der Schulden am Gesamtkapital* zeigt die Kennzahl Anspannungskoeffizient:

$$Anspannungskoeffizient = \frac{Fremdkapital}{Gesamtkapital} \times 100.$$

• *Verschuldungsgrad*

Aus dem Verhältnis zwischen Fremd- und Eigenkapital ergibt sich der Verschuldungsgrad, der als Kehrwert die Eigenkapitalquote zeigt:

$$Verschuldungsgrad = \frac{Fremdkapital}{Eigenkapital} \times 100.$$

Mit Berücksichtigung der Kapitalfristigkeit ist dem langfristigen Verschuldungsgrad das langfristigen Fremdkapital zugeordnet. Entsprechendes gilt beim kurzfristigen Verschuldungsgrad. Die Erweiterung des Eigenkapitals um das Fremdkapital bildet den Verschuldungsgrad mit dem Gesamtkapital. Unter dem Aspekt der Liquiditätssicherung ist ein hoher Verschuldungsgrad in der Regel nur bei langfristiger Kapitaleinräumung vertretbar. Hierzu ist besonders der *Leverage-Effekt* zu beachten. Die Verschuldungsgrad zwischen den einzelnen Branchen ist sehr verschieden. Die Ausrichtung an der branchenüblichen Quote stellt wichtige Voraussetzung für die Kreditwürdigkeit dar.

• *Lieferantenkreditdauer*

Das Verhältnis aus durchschnittlichem Kreditorenbestand und Wareneingangsvolumen bestimmt die Lieferantenkreditdauer:

$$Lieferantenkreditdauer = \frac{Kreditorenbestand\ (durchschnittlich)}{Wareneingang} \times 365.$$

Mit der Ausnutzung der Skonti bleibt die Kreditdauer kurz und verbessert somit die Liquidität aufgrund der Nichtinanspruchnahme des angebotenen (teueren) Lieferantenkredits.

• *Wechselkreditdauer*

Eine lange Wechselkreditdauer tritt dann auf, wenn das Unternehmen die kurzfristige Finanzierung zwischen Beschaffung und Absatz durch Wechsel finanziert:

$$Wechselkreditdauer = \frac{Schuldwechselbestand\ (durchschnittlich)}{Wareneingang} \times 365.$$

- *Bankkreditdauer*

Die Bankkreditdauer ergibt sich aus dem Verhältnis des durchschnittlichen Bestands der Geschäftskonten und des Wareneingangs:

$$\text{Bankkreditdauer} = \frac{\text{Geschäftskontenbestand (durchschnittlich)}}{\text{Wareneingang}} \times 365.$$

- *Bilanzkurs*

In der Abweichung zwischen Bilanzkurs und Börsenkurs zeigen sich die Potenziale (stille Reserven), die aus der Bilanz nicht erkennbar sind:

$$\textit{Bilanzkurs} = \frac{\textit{Eigenkapital}}{\textit{Grundkapital}} \times 100.$$

- *Kreditanspannung*

Die Kreditanspannung lässt erkennen, wie stark das Unternehmen Lieferantenkredite nutzt und damit seine Rentabilität mindert:

$$\textit{Kreditanspannung} = \frac{\textit{Wechselverbindlichkeiten}}{\textit{Warenschuld}}.$$

- *Deckungsgrad A*

Der Deckungsgrad A zeigt die mit Eigenkapital gedeckten langfristigen Anlagen und verdeutlicht die langfristige Liquidität der Unternehmung:

$$\text{Deckungsgrad A} = \frac{\text{Eigenkapital}}{\text{Anlagevermögen}} \times 100.$$

- *Deckungsgrad B*

Dieser Deckungsgrad berücksichtigt zusätzlich zum Eigenkapital das langfristige Fremdkapital:

$$\text{Deckungsgrad B} = \frac{\text{Eigenkapital} + \text{Fremdkapital (langfristig)}}{\text{Anlagevermögen}} \times 100.$$

- *Deckungsgrad C*

Wird der Deckungsgrad B um das Umlaufvermögen erweitert, ergibt sich daraus der Deckungsgrad C:

$$Deckungsgrad\ B = \frac{Eigenkapital + Fremdkapital\,(langfristig)}{Anlagevermögen + Umlaufvermögen\,(langfristig)} \times 100.$$

- *Liquidität ersten Grades*

Die Liquidität ersten Grades (Kassenliquidität) stellt die vorhandenen Zahlungsmittel (Kasse, Bank, Postscheck, Scheck, Besitzwechsel) den kurzfristigen Verbindlichkeiten gegenüber:

$$Liquidität\ ersten\ Grades = \frac{flüssiger\ Zahlungsmittelbestand}{kurzfristige\ Verbindlichkeiten} \times 100.$$

- *Liquidität zweiten Grades*

Bei der Liquidität zweiten Grades sollte ein Wert von 100% oder höher erreicht werden, damit keine kurzfristigen Mittel langfristige Investitionen finanzieren:

$$Liquidität\ zweiten\ Grades =$$
$$\frac{Zahlungsmittelbestand + kurzfristige\ Forderungen}{kurzfristige\ Verbindlichkeiten} \times 100.$$

- *Liquidität dritten Grades*

Das kurzfristige Umlaufvermögen beinhaltet die Posten Zahlungsmittel, kurzfristige Forderungen und kurzfristige, innerhalb eines Jahres liquidierbare Vorräte. Zur Sicherung einer längerfristigen, finanziellen Reserve, sollte der Wert der Liquidität dritten Grades nicht unter 150% fallen.

$$Liquidität\ dritten\ Grades = \frac{kurzfristiges\ Umlaufvermögen}{kurzfristige\ Verbindlichkeiten} \times 100.$$

- *Cash-Flow*

Im Gegensatz zur zeitpunktbezogenen statischen Liquidität ermöglicht die *dynamische Liquidität* die zeitraumbezogene Betrachtung. Der Cash-Flow zeigt an, in welchem Umfang nach Abzug aller Ausgaben und Aufwendungen innerhalb einer Periode dem Unternehmen *Finanzmittel zur Verfügung* stehen, um Nettoinvestitionen und Verbindlichkeiten zu tilgen. Der Cash-Flow kann als Maßzahl für die Ertragskraft einer Unternehmung bezeichnet werden.

Aus dem *Finanzplan* wird der Cash-Flow dadurch ermittelt, dass die Betriebsauszahlungen von den Betriebseinzahlungen einer Periode abgezogen werden:

$$\begin{array}{l} Betriebseinzahlungen\ einer\ Periode \\ \underline{-\quad Betriebseinzahlungen\ einer\ Periode} \\ Cash - Flow\ (Finanzüberschuss\ einer\ Periode) \end{array}$$

Der Cash-Flow aus der *Gewinn- und Verlustrechnung* ermittelt sich aus dem Jahresüberschuss und den geleisteten Abschreibungen und Rückstellungserhöhungen. Der Cash-Flow bildet die Basis für *zukünftige Kapitaldispositionen*, indem er die Feststellung des *Innenfinanzierungspotenzials* der Unternehmung ermöglicht.

$$
\begin{array}{rl}
 & \text{Jahresüberschuss (Reingewinn)} \\
+ & \text{Abschreibungen} \\
+ & \text{Erhöhungen der langfristigen Rückstellungen} \\
- & \underline{\text{Verringerung der langfristigen Rückstellungen}} \\
 & \text{Cash} - \text{Flow}
\end{array}
$$

- *Investitionsfähigkeit*

Die Kennzahl zur *Investitionsfähigkeit* gibt an, welcher Anteil einer Neuinvestitionen innerhalb einer Periode aus dem Cash-Flow finanziert wird. Bei hoher Investitionsfähigkeit ist der Fremdkapitalbedarf niedrig:

$$
\text{Investitionsfähigkeit} = \frac{\text{Cash} - \text{Flow}}{\text{Nettoinvestition}} \times 100.
$$

- *Entschuldungskennziffer*

Die *Entschuldungskennziffer* zeigt an, welcher Zeitraum notwendig ist, um die Nettoverschuldung des Unternehmens aus dem Cash-Flow zu tilgen. Die Nettoverschuldung ergibt sich aus der Differenz von lang- und kurzfristigen Verbindlichkeiten ohne Rückstellungen abzüglich der liquiden Mittel einschließlich Wertpapieren:

$$
\text{Entschuldung (Jahre)} = \frac{\text{Nettoverschuldung}}{\text{Cash-Flow}}.
$$

- *Kapitalflussrechnung*

Eine weitere Möglichkeit zur dynamischen Betrachtung der Liquidität bietet die *Kapitalflussrechnung*, die sich im Gegensatz zur Bilanz für finanzwirtschaftliche Analyse besser eignet, da nicht zeitpunktbezogene, sondern *zeitraumbezogene* Bestandsveränderungen von Bilanzposten erfasst und dargestellt werden. In einer Bewegungsbilanz werden die Mittelverwendung auf der Aktivseite und die Mittelherkunft auf der Passivseite ausgewiesen.

Finanzplanung

6

Die Planung der betrieblichen Finanzwirtschaft bedeutet die *gedankliche Vorwegnahme dispositiver Maßnahmen* zur Sicherung des finanziellen Gleichgewichts zwischen erwarteten Einnahmen und Ausgaben innerhalb des Planungszeitraums. Der Schutz des Unternehmens vor finanziellen Unwägbarkeiten und die Überwachung und Steuerung der Liquiditätsentwicklung bilden wesentliche Aufgaben.

Die Finanzplanung ist in Form eines *Finanzplans* neben dem Beschaffungs-, dem Produktions-, dem Absatz- und dem Personalplan ein elementarer Teil der Gesamtunternehmensplanung. Der Finanzplan setzt sich aus dem *Einnahmen- und Ausgabenplan* zusammen. Der Einnahmenplan erfasst zu erwartende Zahlungsmittelzuflüsse aus Umsatzerlösen. Der Ausgabenplan erfasst zu erwartende Zahlungsmittelabflüsse aus Aufwendungen.

Die Gegenüberstellung der Einnahmen und Ausgaben zeigt die zu erwartende *Über- oder Unterdeckung* innerhalb des Planungszeitraums, zu denen das Finanzmanagement Maßnahmen zur Herstellung des finanziellen Gleichgewichts durchführt. Dabei sind Maßnahmen zum Ausgleich bei *Unterdeckung* beispielsweise die *Aufnahme von Krediten* oder Zuführung eigener Mittel. Als Maßnahmen bei *Überdeckung* bietet sich die *Anlage überschüssiger Mittel* in Termingelder, Rückzahlung von Krediten oder auch eine (begrenzte) Bestandsaufstockung von Warenbeständen und Rohmaterialien an.

Während sich die *kurzfristige Finanzplanung* auf die *Liquiditätssicherung* ausrichtet, besitzt die lang- und mittelfristige Finanzplanung strategischen Charakter.

© Springer Fachmedien Wiesbaden 2015
E. Hering, *Finanzierung für Ingenieure*, essentials,
DOI 10.1007/978-3-658-08157-7_6

6.1 Instrumente

Die Übersicht in Abb. 6.1 zeigt die wichtigsten Instrumente zur Finanzplanung. Alle Instrumente sind auch für mehrere Perioden anwendbar, mit Ausnahme der Liquiditätsplanung.

• *Kapitalbindungsplanung*
Die Kapitalbindungsplanung ermittelt durch *Gegenüberstellung der Finanzmittelverwendung und der Finanzmittelbeschaffung* das Gleichgewicht im Planungszeitraum und die Umschichtungen im Vermögen. Die Basis bildet eine Kapitalbedarfsermittlung. Der strukturelle Aufbau entspricht einer *Bewegungsbilanz*, die nicht Bestände, sondern deren Veränderungen zwischen zwei Bilanzen erfasst. Während die Aktivseite die Mittelverwendung zeigt, weist die Aktivseite die Mittelbeschaffung aus. In Tab. 6.1 zeigt ein Beispiel eine Kapitalbindungsplanung, bei der im Zeitraum 1 eine Deckungslücke auftaucht, die durch Kreditfinanzierung im Zeitraum 2 ausgeglichen wird.

• *Cash-Flow-Prognose-Rechnung*
Im Gegensatz zum Kapitalbindungsplan werden in der Cash-Flow-Prognose-Rechnung die Umsatzerlöse mitberücksichtigt. Die beiden Elemente der Cash-Flow-Prognose-Rechnung sind die *Entstehungsrechnung* und die *Verwendungsrechnung*. Durch Annahme verschiedener Kapazitätsauslastungen werden Unsicherheiten und konjunkturelle Veränderungen in der Planungsperiode berücksichtigt (Tab. 6.2).

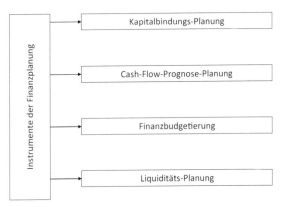

Abb. 6.1 Übersicht über die Instrumente der Finanzplanung. (Quelle: eigene Darstellung)

Tab. 6.1 Kapitalbindungsplanung. (Quelle: eigene Darstellung)

Kapitalverwendung (Mio. €)		Kapitalherkunft (Mio. €)	Jahr 1	Jahr 2
Finanzmittelverwendung		*Finanzmittelbeschaffung*		
Anlagevermögen	70	Beteiligungsfinanzierung	30	30
Umlaufvermögen	30	Kreditfinanzierung	50	55
		Rücklagendotierung	30	30
Finanzmittelabflüsse		*Deinvestitionen*		
Kreditrückzahlung	15	Abschreinungserlöse	15	15
Gewinnausschüttung	5	Verminderung Anlagevermögen	10	10
Gewinnsteuer	20			
Summe	*140*		*135*	*140*
		Deckungslücke	*– 5*	*0*

Tab. 6.2 Einperiodige Casf-Flow-Prognose-Rechnung mit Kapazitätsauslastungsgrad. (Quelle: eigene Darstellung)

	Kapazitätsauslastung		
	90%	100%	110%
Entstehungsrechnung			
Umsatzerlöse (Mio. €)	110	150	160
Zuschreibungen (Mio. €)	30	30	30
Beteiligungen (Mio. €)	70	70	70
Zuflüsse aus Betriebseinnahmen (Mio. €)	*210*	*250*	*260*
Variable Betriebsausgaben (Mio. €)	80	100	100
Fixe Betriebsausgaben (Mio. €)	20	20	20
Abflüsse aus Betriebseinnahmen (Mio. €)	*100*	*120*	*120*
Cash-Flow (Mio. €)	*110*	*130*	*140*
Verwendungsrechnung			
Investitionen (Mio. €)	50	80	80
Schuldentilgung (Mio. €)	30	30	30
Gewinnausschüttung (Mio. €)	20	20	20
Summe Aufwendungen (Mio. €)	*100*	*130*	*130*
Deckung (Mio. €)	*10*	*–*	*10*

- *Finanzbudgetierung*

Die Finanzbudgetierung stellt das Kernstück der Unternehmensplanung großer divisional gegliederter Unternehmen und Unternehmensverbunde (*Konzerne*) dar. Die Finanzbudgetierung übernimmt dabei die Aufgaben der Planung und Steuerung der einzelnen gewinnverantwortlichen Profit-Center. Die Unternehmenseinheiten erhalten ein jährliches Budget oder Mehrjahresbudget zu ihrer freien – aber

Tab. 6.3 Liquiditätsplanung. (Quelle: eigene Darstellung)

Zeit	Januar												Summe ist
	Woche 1			Woche 2			Woche 3			Woche 4			
Werte in T€	Soll	Ist	Diff	Soll	Ist	Diff	Soll	Ist	Diff	Soll	Ist	Diff	
Zahlungsmittelbestand	5	5	–	–4	–5	–1	–8	–7	1	1	–1	–2	–8
Umsatzeinnahmen	62	60	–2	65	66	1	72	75	3	80	82	2	
Sonstige Einnahmen	2	2	–	2	3	1	4	5	1	2	2	–	
Reine Finanzeinnahmen	2	2	–	2	2	–	1	1	–	1	2	1	
Summe der Einnahmen	66	64	–2	69	71	2	77	81	4	83	86	3	302
Personalausgaben	30	30	–	30	30	–	30	31	1	30	31	1	
Materialausgaben	15	16	1	15	16	1	20	21	1	15	17	2	
Anlagenausgaben	20	20	–	20	18	–2	16	15	–1	20	22	2	
Steuern	1	1	–	1	1	–	1	1	–	1	2	1	
Reine Finanzausgaben	5	4	–1	5	4	–1	5	5	–	5	6	1	
Sonstige Ausgaben	3	3	–	3	4	1	3	2	–1	3	4	1	
Summe der Ausgaben	74	74	–	74	73	–1	75	75	–	74	82	8	304
Überschuss/Fehlbetrag	–3	–5	–2	–9	–7	2	–6	–1	5	10	3	–7	–10

zielorientierten – Verwendung. Auch einzelne Mittel lassen sich budgetieren, beispielsweise Projekte in Forschung und Entwicklung.

Das Gesamtfinanzbudget entwickelt die Konzernleitung aus dem Bilanzbudget und dem Erfolgsbudget. Dafür bilden das für die Markt- und Kundenstruktur zuständige Marktbudget und das Kapazitätsbudget mit seinen jeweiligen Teilbudgets zur Beschaffung, Investition und Personal die Basis. Aus dem Gesamtfinanzbudget werden schließlich den Unternehmenseinheiten die verfügbaren Budgets zugewiesen.

- *Liquiditätsplanung*

Die oben aufgezeigten Instrumente der Finanzplanung in weiterem Sinne berücksichtigen nicht die zum Unternehmensfortbestand erforderliche *Liquiditätssicherung*. Zur Liquiditätsplanung eignet sich hierzu ein *Finanzplanungsverfahren* in engerem Sinne für einen mehrmonatigen Zeitraum und revolvierender, d. h. fortschreitender Planung aber konstantem Planungszeitraum. Dazu wird nach jedem abgeschlossenen Monat die Planung für die restlichen Monate aktualisiert und fortgeschrieben (Tab. 6.3).

Infolge der Unsicherheiten über Eingang und Höhe von Zahlungen durch Ausnutzung von Zahlungszielen oder schlechter Zahlungsmoral der Schuldner bedarf es der Prognose des Zahlungsverhaltens mittels einer Verweilzeitverteilung. Abbildung 6.2 zeigt, wie die Zahlungsströme nach getätigtem Umsatz zeitverzögert eintreffen.

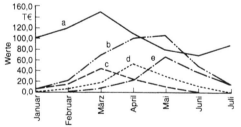

a	Getätigter Umsatz
b	Gesamte Monatszahlungen
c	Zahlungen für Januar-Umsatz
d	Zahlungen für Februar-Umsatz
e	Zahlungen für März-Umsatz

	Januar	Februar	März	April	Mai	Juni	Juli	
getätigter Umsatz	100,0	120,0	150,0	110,0	80,0	70,0	90,0	Summe
Zahlungen für Januar-Umsatz	5,0	15,0	45,0	25,0	10,0	0,0	0,0	100,00
Zahlungen für Februar-Umsatz	0,0	6,0	18,0	54,0	30,0	12,0	0,0	120,0
Zahlungen für März-Umsatz	0,0	0,0	7,50	22,5	67,5	37,5	15,0	150,0
Gesamte Monatszahlungen	5,0	21,0	70,5	101,5	107,5	49,5	15,0	

	1. Monat	2. Monat	3. Monat	4. Monat	5. Monat
Verteilung der Zahlungen	5%	15%	45%	25%	10%

Abb. 6.2 Prognose des Zahlungsverhaltens. (Quelle: eigene Darstellung)

6.2 Entscheidungskriterien

Vor jeder Finanzierungsentscheidung sind die verschiedensten quantitativen und qualitativen Aspekte der einzelnen Finanzierungsmöglichkeiten zu betrachten, die in Abb. 6.3 zusammengestellt sind. Dabei muss der *Investitionserfolg* mindestens die *Finanzierungskosten* decken.

• *Finanzierungskosten und Tilgungsformen*
Als *direkte Finanzierungskosten* treten *Zinskosten* und *Dividendenausschüttungen* auf. Die Besteuerung von Anleihen, höheren Gewinnen aus dem Mittelrückfluss und Rechnungszinsen auf Pensionsrückstellungen bilden die *indirekten Kosten*.
Einmalige Finanzierungskosten treten bei der Ausgabe von Aktien und Anleihen als Emissionskosten auf. Für Kredite fallen Bearbeitungskosten, Bereitstellungsprovisionen und Disagio an. Unter Berücksichtigung der Kreditfinanzierungskosten ermöglicht der *effektive Kreditzinssatz* eine quantitative Vergleichbarkeit.
Die regelmäßige Zahlung von *Zinsen und Dividenden* verursacht laufende Kosten. Durch die Bindung der Zinsen an die Marktzinssätze über regelmäßige Zinsanpassung entstehen variable Zinskosten. Neben den Kosten sind auch *Tilgungsraten* zu leisten, die jedoch keine Kosten darstellen. Während der einmaligen Gesamttilgung sind lediglich die fälligen Zinsen auf die Restschuld zu zahlen. Die Tilgung der gesamten Restschuld erfolgt am Ende der Laufzeit.

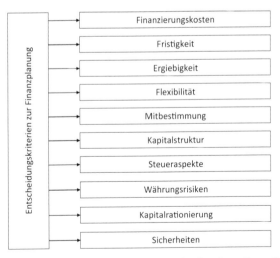

Abb. 6.3 Entscheidungskriterien zur Finanzplanung. (Quelle: eigene Darstellung)

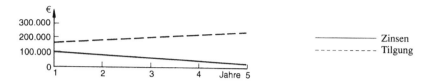

Jahr	Restschuld am Jahresanfang	Zinsen	Tilgung	Annuität	Restschuld am Jahresende
1	1 000 000	100 000	163 797	263 797	836 203
2	836 203	83 620	180 177	263 797	656 025
3	656 025	64 603	198 195	263 797	457 830
4	457 830	45 783	218 014	263 797	239 816
5	239 816	23 987	239 816	263 797	0
		318 987	1 000 000	1 318 987	

Abb. 6.4 Verlauf der Zinsen und Tilgung bei einer Annuitätentilgung. (Quelle: eigene Darstellung)

Bei gleichbleibender Tilgung einer Abzahlungstilgung verringert sich der Zinsaufwand um die Höhe der jeweils letzten geleisteten Tilgungsrate (Abb. 6.4). Im Gegensatz zur Abzahlungstilgung sind bei der Annuitätentilgung nicht die Tilgungsraten konstant, sondern die aus Zinsen und Tilgung zusammengesetzte *Annuität*. Wie Abb. 6.4 zeigt, nehmen die Zinsen im Laufe der Zeit ab und die Tilgungsraten nehmen zu.

Die Annuität berechnet sich aus dem Barwert multipliziert mit dem finanzmathematischen *Kapitalwiedergewinnungsfaktor KWF*. Dieser lautet:

$$KWF = \frac{q^{n}(q-1)}{q-1} \times 100.$$

Mit $q = (1 + i)$, wobei i der Zinssatz und n die Laufzeit ist.

Mit unterschiedlichen Kreditkonditionen räumen Banken gegen Sicherung durch Grundpfandrechte für Investitionen langfristige Kredite ein. Zur Wahl stehen feste Verzinsung auf Teil- oder Gesamtlaufzeit. Aber auch variable Zinsgestaltung entsprechend den jeweils gegenwärtigen Marktzinssätzen bieten sich an.

Erfolgt die Auszahlung der Kreditsumme mit einem Abschlag (*Disagio*), kann die tatsächliche Verzinsung (*Effektivzins*) *über* der Kreditverzinsung (*Nominalzins*) liegen. Mit steigendem Disagio sinkt der Nominalzins. Bei Kreditzahlung mit Raten kann meist zwischen steigendem oder fallendem Tilgungsanteil gewählt werden.

Tab. 6.4 Leverage-Effekt bei konstantem Gesamtkapitalbedarf. (Quelle: eigene Darstellung)

Eigenkapi-tal €	Fremdka-pital €	Verschul-dungsgrad in %	Fremdkapi-talzinsen in %	Fremd-Kapitalzin-sen €	Netto-Gewinn €	Eigenkapi-tal- Renta-bilität %
5.000.000	–	*0,00*			*750.000*	*15,00*
4.500.000	500.000	11,11	6	30.000	720.000	16,00
4.000.000	1.000.000	25,00	8	80.000	670.000	16,75
3.500.000	1.500.000	42,86	10	150.000	600.000	17,14
3.000.000	2.000.000	66,67	12	240.000	510.000	17,00
2.500.000	2.500.000	100,00	14	350.000	400.000	16,00
2.000.000	3.000.000	150,00	16	480.000	270.000	13,50
5.000.000	–	*0,00*			*150.000*	*3,00*
4.500.000	500.000	11,11	6	30.000	120.000	2,67
4.000.000	1.000.000	25,00	8	80.000	70.000	1,75
3.500.000	1.500.000	42,86	10	150.000	–	0,00
3.000.000	2.000.000	66,67	12	240.000	− 90.000	− 3,00
2.500.000	2.500.000	100,00	14	350.000	− 200.000	− 8,00
2.000.000	3.000.000	150,00	16	480.000	− 330000	− 16,50

Auf die Kapitalstruktur des Unternehmens hat die Finanzmittelbeschaffung erheblichen Einfluss. Da Gläubiger zur Gewährung von Finanzmitteln meist bestimmte Relationen der Kapital- und Vermögensstruktur voraussetzen, können mit Rücksicht auf eine ausgeglichene Struktur nicht immer die günstigsten Finanzierungsalternativen gewählt werden.

Besondere *Kapitalstrukturrisiken* liegen in einer übermäßigen Fremdkapitalzuführung. Das Verhältnis von Eigenkapital zu Fremdkapital wirkt sich auf die Rentabilität aus. Die Hebelwirkung aus steigender Verschuldung erhöht die Eigenkapitalrentabilität. Das Optimum wird erreicht, bis der Kostensatz des Fremdkapitals gleich der zunehmenden Rentabilität des Eigenkapitals ist (*Leverage-Effekt*) (Tab. 6.4).

Das Beispiel in Tab. 6.4 zeigt eindrucksvoll die *Hebelwirkung*: Auf der Basis einer hohen Eigenkapitalrentabilität nimmt diese trotz steigendem Fremdkapitalzins und wachsender Verschuldung noch zu. Der entsprechende Gegeneffekt zeigt sich drastisch bei einer geringen Eigenkapitalrentabilitätsbasis. Bei einem Verschuldungsgrad von 43 % auf der Basis der Eigenkapitalrentabilität von 15 % ergeben sich im Beispiel die günstigsten Werte. Die externe Anlage des freigesetzten Eigenkapitals erweist sich dann als rentabel, wenn die gesamte Eigenkapitalrentabilität die Fremdkapitalzinsen zuzüglich der Verzinsung aus externer Anlage übersteigt.

Tab. 6.5 Finanzierungsentscheidungsmatrix. (Quelle: eigene Darstellung)

Kriterien	Gewichtung	Bankkredit			Leasing		
		Punkte	Wert	Anteil (%)	Punkte	Wert	Anteil (%)
Direkte Finanzierungskosten	2,00	8,00	16,00	36,78	5	10,00	18,02
Indirekte Finanzierungskosten	1,00	7,00	7,00	16,09	4	4,00	7,21
Zinsvariabilität	0,50	5,00	2,50	5,75	1	0,50	0,90
Fristigkeit	1,50	2,00	3,00	6,90	6	9,00	16,22
Ergiebigkeit	0,50	4,00	2,00	4,60	4	2,00	3,60
Flexibilität	1,00	5,00	5,00	11,49	2	2,00	3,60
Mitbestimmung	1,00	1,00	1,00	2,30	9	9,00	16,22
Kapitalstruktur	1,00	3,00	3,00	6,90	8	8,00	14,41
Steueraspekte	0,50	2,00	1,00	2,30	10	5,00	9,01
Kapitalrationierung	0,50	3,00	1,50	3,45	5	2,50	4,50
Sicherheiten	0,50	3,00	1,50	3,45	7	3,50	6,31
Summe		43,00	43,50	100	61,00	55,50	100

* *Entscheidungsmatrix zur Finanzierung*

Nach der umfassenden Beurteilung der Vor- und Nachteile können die einzelnen Finanzierungsalternativen einander gegenübergestellt werden. Neben den *quantitativen* sind auch *qualitative* Merkmale zu berücksichtigen, die nicht selten trotz günstiger Zahlenwerte zu einem Ausscheiden der vermeintlich guten Finanzierungsalternative führen. Um eine Entscheidung zwischen zwei oder mehreren Alternativen zu finden, bietet sich eine Entscheidungsmatrix in Form einer Nutzwertanalyse nach Tab. 6.5 an. Eine gewichtete Punktevergabe differenziert die jeweiligen Stärken und Schwächen in Bezug auf die gestellten Anforderungen an die Finanzierungsalternative.

6.3 Langfristige Finanzplanung

Der langfristigen Finanzplanung liegen Unternehmensstrategien und Unternehmenskonzeptionen zugrunde. Die langfristige Finanzplanung in der Form einer Mehrjahresplanung soll wesentliche Strukturen des Unternehmens vorplanen und den langfristigen und ertragreichen Unternehmensfortbestand sichern. Für die Planerstellung sind einige wichtige Aspekte zu berücksichtigen:

- Entwicklung der Relationen von Bilanzposten,
- Entwicklung der Kennzahlen zur Finanzanalyse,
- Entwicklung der Vermögens- und Kapitalstrukturen,
- Entwicklung der Aufwands und Ertragsstrukturen,
- Umsatzentwicklung (quantitative und qualitative) in den verschiedenen Produktbereichen,
- Ertragsentwicklung der einzelnen Produktbereiche,
- Entwicklung von Gewinnen und Eigenmitteln,
- Festlegung der Wachstumsfinanzierung,
- Abschätzung des Kapitalbedarfs umfangreicher Investitionsvorhaben und
- Abschätzung der Auswirkungen finanzwirtschaftlicher Anpassungen aufgrund vorhergehender Fehlentwicklungen.

Als Planungsbasis stehen beispielsweise Jahresabschlüsse, Erfahrungswerte, Kennzahlen und Grundsatzentscheidungen zur Verfügung. Die langfristige Finanzplanung findet in jährlichen Planungsabschnitten in Planerfolgsrechnungen, Planbilanzen und Kennzahlsystemen ihre Anwendung.

6.4 Mittelfristige Finanzplanung

Die mittelfristige Finanzplanung betrachtet die finanzielle Entwicklung innerhalb *eines Geschäftsjahres*. Als ausführlicher Feinplan der langfristigen Finanzplanung stehen bei der mittelfristigen Finanzplanung Liquidität und Ertrag im Vordergrund. Auch hier sind wesentliche Punkte zu beachten:

- Feststellung des Zeitpunktes und der Höhe zu erwartender Liquiditätsüberschüsse und Liquiditätsengpässe;
- Entwicklung von Maßnahmen zum Ausgleich der Liquiditätsüberschüsse und Liquiditätsengpässe;
- Absicherung der Kreditlinien und Verbesserung der Kreditwürdigkeit;
- Gestaltung der Aufwands- und Ertragsstrukturen;
- Festlegung der Zeitpunkte für umfangreiche Zahlungen aus Materialeinkäufen und Anlageinvestitionen;
- Fixierung der Ertragsziele und der Bilanzstrukturen für das Geschäftsjahre und
- Feststellung von Abweichungen von der langfristigen Finanzplanung.

Zur Planung stehen beispielsweise Daten aus den Bereichen Absatz, Produktion, Beschaffung Personal und Investition zur Verfügung. In monatlichen Planungsabschnitte wird die mittelfristige Finanzplanung bei Ein- und Ausgaberechnungen, Finanzkonten, Planerfolgsrechnungen und Planbilanzen angewendet.

6.5 Kurzfristige Finanzplanung

Die kurzfristige Finanzplanung liefert für eine kurze Periode eine Vorschau der zukünftigen Zahlungsbereitschaft des Unternehmens. Sie erfasst die Einnahmen und Ausgaben für die nächste Zukunft und dient der kurzfristigen Liquiditätssicherung. Die Aufgaben einer kurzfristigen Finanzplanung in Form eines Liquiditätsplanes sind:

- Gegenüberstellung der zu erwartenden Einnahmen und Ausgaben für eine Periode,
- Sicherung der Liquiditätsreserven für unvorhersehbare Zahlungsverschiebungen,
- Einhaltung der bestehenden Kreditlinien und
- Schaffung einer Grundlage für finanzielle Entscheidungen.

Als Planungsbasis dienen Bilanzbestände und bestehende Vertragsverhältnisse zu Auftragsbeständen und Bestellverpflichtungen, sowie Arbeitsverträge, Mietverträge und Steuerverpflichtungen. Die kurzfristige Liquiditätsvorschau wird in Tages- oder Wochenabschnitte geplant.

Was Sie aus diesem Essential mitnehmen können

- Mit welchen Finanzierungsinstrumenten kann Kapital ins Unternehmen fließen?
- Was sind die Vor- und Nachteile der unterschiedlichen Finanzierungsinstrumente?
- Stationen der Finanzierungsinstrumente wie Wechsel, Factoring und Leasing.
- Beispiele für eine Außen- und Innenfinanzierung.
- Methoden der Finanzanalyse.
- Methoden der Finanzplanung.

© Springer Fachmedien Wiesbaden 2015
E. Hering, *Finanzierung für Ingenieure,* essentials,
DOI 10.1007/978-3-658-08157-7

Literatur

Becker, H.P.: Investition und Finanzierung: Grundlagen der Betrieblichen Finanzwirtschaft. Springer, Wiesbaden (2013)

Bieg, H., Kußmaul, H.: Finanzierung, 2. Aufl. Vahlen, München (2009)

Drukarcyk, J.: Finanzierung. Euine Einführung, 10. Aufl. UTB, Stuttgart (2008)

Hauser, M., Warns, C.: Grundlagen der Finanzierung, 5. Aufl. PD-Verlag, Heidenau (2014)

Hering, E.: Gewinn- und Verlustrechnung (GuV) und Bilanz für Ingenieure. Springer, Wiesbaden (2014a)

Hering, E.: Investitions- und Wirtschaftlichkeitsrechnung für Ingenieure. Springer, Wiesbaden (2014b)

Hering, E.: Finanzierung für Ingenieure. Springer, Wiesbaden (2014c)

Hering, E., Draeger, W.: Handbuch der Betriebswirtschaft für Ingenieure, 3. Aufl. Springer, Heidelberg (2000)

Olfert, K.: Finanzierung, 16. Aufl. NWB, Herne (2013)

© Springer Fachmedien Wiesbaden 2015
E. Hering, *Finanzierung für Ingenieure,* essentials,
DOI 10.1007/978-3-658-08157-7